高等院校数据科学与大数据技术系列规划教材

大数据
实时计算与应用

吴 斌 主编

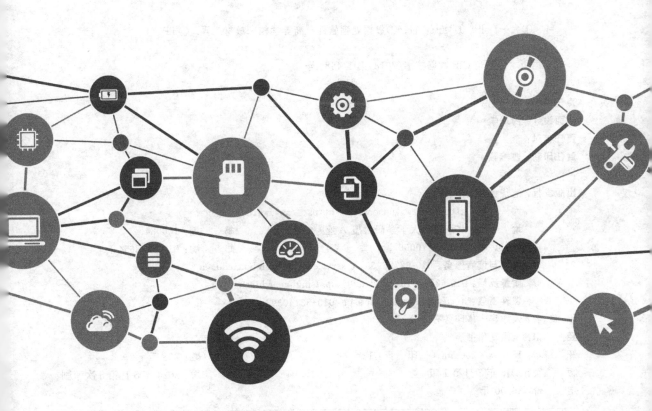

清华大学出版社
北京

内容简介

本书定位于大数据专业核心技术——实时计算,重点讨论大数据应用场景中的数据特点和应用需求的实时流计算技术。

本书通过对分布式实时计算系统的分析,将学习部分按功能性质划分成四个模块,分别为 Kafka 数据流处理模块、Strom 实时计算模块、HBase 数据存储模块和 Zookeeper 分布式协调模块。对此四个工作模块进行教学化处理,形成 HBase 基础操作、Zookeeper 集群管理、配置 Storm 集群等核心课程体系,并配以实例使学习者便于理解,易于上手,掌握实时计算 Storm 相关的基础知识和实际业务系统的开发能力。

本书主要针对具有一定软件编程基础(特别是数据技术)的学生和专业工程师,特别是数据科学、数据分析专业的高年级本科学生以及从事与数据相关的高级技术人员的读者人群。

本书封面贴有清华大学出版社防伪标签,无标签者不得销售。
版权所有,侵权必究。举报:010-62782989,beiqinquan@tup.tsinghua.edu.cn。

图书在版编目(CIP)数据

大数据实时计算与应用/吴斌主编.—北京:清华大学出版社,2018(2024.8重印)
(高等院校数据科学与大数据技术系列规划教材)
ISBN 978-7-302-50321-7

Ⅰ.①大… Ⅱ.①吴… Ⅲ.①数据处理软件-高等学校-教材 Ⅳ.①TP274

中国版本图书馆 CIP 数据核字(2018)第 114981 号

责任编辑:刘翰鹏
封面设计:傅瑞学
责任校对:李 梅
责任印制:曹婉颖

出版发行:清华大学出版社
  网 址:https://www.tup.com.cn,https://www.wqxuetang.com
  地 址:北京清华大学学研大厦 A 座 邮 编:100084
  社 总 机:010-83470000 邮 购:010-62786544
  投稿与读者服务:010-62776969,c-service@tup.tsinghua.edu.cn
  质量反馈:010-62772015,zhiliang@tup.tsinghua.edu.cn
  课件下载:https://www.tup.com.cn,010-83740393
印 装 者:天津鑫丰华印务有限公司
经 销:全国新华书店
开 本:185mm×260mm 印 张:12 字 数:288 千字
版 次:2018 年 7 月第 1 版 印 次:2024 年 8 月第 6 次印刷
定 价:36.00 元

产品编号:078813-01

为什么要写这本书

由于目前对信息高时效性、可操作性需求的不断增长,软件系统需要在更少的时间内处理更多的数据。随着可连接设备的不断增加以及在各行各业的广泛应用,这种需求已经无处不在。传统企业的运营系统被迫需要处理原先只有在互联网公司才会遇到的海量数据。这种转变正在不断改变传统的架构和解决方案,将在线事务处理和离线分析分隔开。与此同时,人们正在重新思考从数据中提取信息的意义和价值。计算系统的框架和基础设施也在逐步进化,以适应这种新场景。

具体来说,数据的生成可以看作是一连串发生的离散事件,这些事件会伴随着不同的数据流、操作和分析,最后交由一个通用的实时计算处理系统进行处理。一个成熟的实时计算处理框架主要包括四个模块:数据获取模块、数据传输模块、数据存储模块和数据处理模块。

作为现在流行的实时计算处理框架,Storm 提供了可容错分布式计算所需的基本原语和保障机制,可以满足大容量的关键业务应用的需求。它不但是一套技术的整合,也是一种数据流和控制的机制。很多大公司都将 Storm 作为大数据处理平台的核心部分。

同样,由于通用关系型数据库在数据剧增时会出现系统扩展性和延迟的问题,因此业界出现了一类面向半结构化数据存储和处理的高可扩展、低写入/查询延迟的系统,例如键值存储系统、文档存储系统和类 BigTable 存储系统等,这些系统称为 NoSQL 系统。Apache HBase 就是其中已迈向实用的成熟系统,并已成功应用于互联网服务领域和传统行业的众多在线式数据分析处理系统中。

然而,分布式的构建并不容易。人们日常使用的应用大多基于分布式系统,在短时间内分布式系统的现状并不会改变。Apache Zookeeper 旨在减轻构建健壮的分布式系统的任务。Zookeeper 基于分布式计算的核心概念而设计,主要给开发人员提供一套容易理解和开发的接口,从而简化分布式系统构建的任务。

近年来,活动和运营数据处理已经成为网站软件产品特性中一个至关重要的组成部分,需要一个更加复杂的基础设施对其提供支持。Kafka 作为一个分布式的消息系统,以可水平扩展和高吞吐率而被广泛使用,Kafka 的目的是提供一个发布订阅解决方案,它可以处理消费者规模网站中的所有动作流数据,即通过集群机来提供实时的消费。

本书对实时计算系统进行了全面的介绍,章节组织由浅入深,内容阐述细致入微且贴近实际,可以作为参考书以方便读者在开发过程中随时查阅。我相信,本书对实时计算系统的使用者和开发者来说都是及时和不可或缺的。

读者对象

本书适合以下读者阅读。

(1) 大数据技术的学习者和爱好者。

(2) 有 Java 基础的开发者。

(3) 大数据实时计算技术开发者。

(4) 实时计算集群维护者。

(5) 分布式实时计算系统相关维护人员。

如何阅读本书

本书共分为五个部分。

第一部分为简介。简介部分为第 1 章,主要介绍了分布式实时计算系统的相关知识,从分布式的基本概念到分布式通信的原理,最后引出分布式实时计算架构的四个模块——Kafka、Storm、Zookeeper 和 HBase。

第二部分为数据获取模块 Kafka 的相关介绍,包括第 2 章~第 4 章。本部分介绍了 Kafka 的相关基础知识和应用知识,让读者了解 Kafka 的结构、环境搭建方式以及消息传输方式等。本部分首先介绍了 Kafka 的基本概念,引出了 Kafka 的基本特性以及 Kafka 分布式系统架构中关于生产者和消费者的介绍。随后介绍了 Kafka 的环境搭建方法,最后介绍了 Kafka 消息传送方面的知识,包括性能优化、主从同步以及客户端 API 等信息,同时解释了消息和日志方面的相关概念。

第三部分为数据调度模块 Zookeeper 的相关介绍,包括第 5 章。本部分讲解了 Zookeeper 相关的基础知识和开发知识,让读者了解 Zookeeper 的来源、性质及基本概念、Zookeeper 开发的应用方法及实现方式、Zookeeper 集群的配置及管理方法等。本部分首先介绍了分布式协作存在的三大难点,引出了 FLP 定律和 CAP 定律。接着从 Zookeeper 的 Znode 类型、通知机制、Lead 选择方法等方面介绍 Zookeeper 的基本概念。随后介绍了 Zookeeper 的两种运行模式、架构及其应用场景,并详细介绍了 Zookeeper 可调用的多种 API 用法,包含会话建立、管理权获取、节点注册、任务队列化等。最后介绍了 Zookeeper 集群管理的需求及方法,同时解释了动态选举的过程。

第四部分为数据存储模块 HBase 的相关介绍,包括第 6 章~第 9 章。本部分首先介绍了 HBase 的架构以及存储 API,然后介绍了 HBase 的基础操作,包括 put、get、delete 操作、批处理操作以及 HTable、Bytes 等其他操作。随后介绍了 HBase 的高阶特性,包括过滤器、计数器、协处理器等。最后介绍了 HBase 管理部分的内容,包括 HBase 的数据描述方式以及表管理 API 等。

第五部分为数据处理模块 Storm 的相关介绍,包括第 10 章~第 14 章。本部分首先对 Storm 的基本概念进行介绍,包括 Storm 的基本特性、topology 的构建方式、Storm 的并发机制以及数据流分组等相关知识。随后介绍了在 Linux 上配置 Storm 集群的相关方法以及如何将 topology 提交到 Storm 集群上运行。从 Trident 的 topology、接口、状态等方面介绍了 trident 的相关知识,同时介绍了一种基于 Storm 的实时在线机器学习库——Trident-ML,从各个组件对 DRPC 进行介绍。最后通过两个具体的 Storm 项目实例让读者对 Storm 有更深刻的理解。

编　者

2018 年 5 月

目录

第1章 分布式实时计算系统 ... 1
1.1 分布式的概念 ... 1
1.1.1 分布式系统 ... 1
1.1.2 分布式计算 ... 1
1.2 分布式通信 ... 1
1.2.1 分布式通信基础 ... 1
1.2.2 消息队列 ... 2
1.2.3 Storm 计算模型 ... 3
1.3 分布式实时计算系统架构 ... 4
1.3.1 数据获取——Kafka ... 4
1.3.2 数据处理——Storm ... 4
1.3.3 数据存储——HBase ... 5
1.4 系统架构 ... 5
本章小结 ... 6
习题 ... 6

第2章 初识 Kafka ... 7
2.1 什么是 Kafka ... 7
2.1.1 Kafka 概述 ... 7
2.1.2 使用场景 ... 7
2.1.3 Kafka 基本特性 ... 8
2.1.4 性能 ... 8
2.1.5 总结 ... 9
2.1.6 Kafka 在 LinkedIn 中的应用 ... 9
2.2 Topics 和 logs ... 10
2.3 分布式——consumers 和 producers ... 11
本章小结 ... 12
习题 ... 12

第3章 Kafka 环境搭建 ... 13
3.1 服务器搭建 ... 13

3.2	开发环境搭建	15
本章小结		19
习题		19

第4章 Kafka 消息传送 ... 20

4.1	消息传输的事务定义	20
4.2	性能优化	21
	4.2.1 消息集	21
	4.2.2 数据压缩	22
4.3	生产者和消费者	22
	4.3.1 Kafka 生产者的消息发送	22
	4.3.2 Kafka consumer	22
4.4	主从同步	24
4.5	客户端 API	25
	4.5.1 Kafka producer API	25
	4.5.2 Kafka consumer API	26
4.6	消息和日志	27
本章小结		30
习题		30

第5章 Zookeeper 开发 ... 31

5.1	Zookeeper 的来源	31
5.2	Zookeeper 基础	33
	5.2.1 基本概念	33
	5.2.2 Zookeeper 架构	34
5.3	Zookeeper 的 API	35
	5.3.1 建立会话	35
	5.3.2 管理权	36
	5.3.3 节点注册	39
	5.3.4 任务队列化	40
5.4	状态变化处理	43
5.5	故障处理	44
5.6	Zookeeper 集群管理	46
	5.6.1 集群配置	46
	5.6.2 集群管理	47
本章小结		48
习题		48

第 6 章 初识 HBase 50

6.1 什么是 HBase 50
6.1.1 大数据的背景 50
6.1.2 HBase 架构 50
6.1.3 HBase 存储 API 52
6.2 HBase 部署 53
6.2.1 HBase 配置及安装 53
6.2.2 运行模式 56
6.2.3 集群操作 56
本章小结 58
习题 58

第 7 章 HBase 基础操作 59

7.1 CRUD 操作 59
7.1.1 Put 操作 59
7.1.2 Get 操作 62
7.1.3 Delete 操作 64
7.2 批处理操作 67
7.3 行锁 69
7.4 扫描 70
7.5 其他操作 73
7.5.1 HTable 方法 73
7.5.2 Bytes 方法 73
本章小结 74
习题 74

第 8 章 HBase 高阶特性 75

8.1 过滤器 75
8.1.1 什么是过滤器 75
8.1.2 比较过滤器 76
8.1.3 专用过滤器 78
8.1.4 附加过滤器 81
8.2 计数器 85
8.2.1 什么是计数器 85
8.2.2 单计数器及多计数器 86
8.3 协处理器 88
8.3.1 什么是协处理器 88
8.3.2 协处理器 API 应用 88

本章小结 …………………………………………………………………………… 90
习题 ………………………………………………………………………………… 90

第 9 章　管理 HBase …………………………………………………………… 92

9.1　HBase 数据描述 ………………………………………………………… 92
9.1.1　表 ………………………………………………………………… 92
9.1.2　列簇 ……………………………………………………………… 92
9.1.3　属性 ……………………………………………………………… 93
9.2　表管理 API ……………………………………………………………… 94
9.2.1　基础操作 ………………………………………………………… 94
9.2.2　集群管理 ………………………………………………………… 97

本章小结 …………………………………………………………………………… 102
习题 ………………………………………………………………………………… 102

第 10 章　初识 Storm …………………………………………………………… 103

10.1　什么是 Storm …………………………………………………………… 103
10.1.1　Storm 能做什么 ………………………………………………… 103
10.1.2　Storm 的特性 …………………………………………………… 103
10.1.3　Storm 分布式计算结构 ………………………………………… 105
10.2　构建 topology …………………………………………………………… 105
10.2.1　Storm 的基本概念 ……………………………………………… 105
10.2.2　构建 topology …………………………………………………… 106
10.2.3　示例：单词计数 ………………………………………………… 106
10.3　Storm 并发机制 ………………………………………………………… 111
10.3.1　topology 并发机制 ……………………………………………… 112
10.3.2　给 topology 增加 Worker ……………………………………… 112
10.3.3　配置 Executor 和 task …………………………………………… 112
10.4　数据流分组的理解 ……………………………………………………… 115
10.5　消息的可靠处理 ………………………………………………………… 117
10.5.1　消息被处理后会发生什么 ……………………………………… 118
10.5.2　Storm 可靠性的实现方法 ……………………………………… 123
10.5.3　调整可靠性 ……………………………………………………… 125

本章小结 …………………………………………………………………………… 125
习题 ………………………………………………………………………………… 126

第 11 章　配置 Storm 集群 ……………………………………………………… 127

11.1　Storm 集群框架介绍 …………………………………………………… 127
11.1.1　理解 nimbus 守护进程 ………………………………………… 127
11.1.2　supervisor 守护进程的工作方式 ……………………………… 128

11.1.3 DRPC 服务工作机制 ……………………………………… 128
11.1.4 Storm 的 UI 简介 ……………………………………… 129
11.2 在 Linux 上安装 Storm ……………………………………… 129
11.2.1 搭建 Zookeeper 集群 ……………………………………… 130
11.2.2 安装 Storm 依赖库 ……………………………………… 130
11.2.3 下载并解压 Storm 发布版本 ……………………………………… 131
11.2.4 修改 storm.yaml 配置文件 ……………………………………… 131
11.2.5 启动 Storm 后台进程 ……………………………………… 132
11.3 将 topology 提交到集群上 ……………………………………… 132
本章小结 ……………………………………… 133
习题 ……………………………………… 133

第 12 章 Trident 和 Trident-ML ……………………………………… 134

12.1 Trident topology ……………………………………… 134
12.1.1 Trident 综述 ……………………………………… 134
12.1.2 Reach ……………………………………… 137
12.1.3 字段和元组 ……………………………………… 139
12.1.4 状态 ……………………………………… 140
12.1.5 Trident topology 的执行 ……………………………………… 140
12.2 Trident 接口 ……………………………………… 141
12.2.1 综述 ……………………………………… 141
12.2.2 本地分区操作 ……………………………………… 142
12.2.3 重新分区操作 ……………………………………… 146
12.2.4 群聚操作 ……………………………………… 146
12.2.5 流分组操作 ……………………………………… 146
12.2.6 合并和连接 ……………………………………… 147
12.3 Trident 状态 ……………………………………… 148
12.3.1 事务 spouts ……………………………………… 149
12.3.2 透明事务 spouts ……………………………………… 150
12.3.3 非事务 spouts ……………………………………… 151
12.3.4 Spout 和 State 总结 ……………………………………… 151
12.3.5 State 应用接口 ……………………………………… 151
12.3.6 MapState 的更新 ……………………………………… 154
12.3.7 执行 MapState ……………………………………… 155
12.4 Trident-ML：基于 storm 的实时在线机器学习库 ……………………………………… 155
本章小结 ……………………………………… 160
习题 ……………………………………… 160

第 13 章　DRPC 模式 …… 161

13.1　DRPC 概述 …… 161
13.2　DRPC 自动化组件 …… 162
13.3　本地模式 DRPC …… 163
13.4　远程模式 DRPC …… 163
13.5　一个更复杂的例子 …… 164
本章小结 …… 165
习题 …… 165

第 14 章　Storm 实战 …… 166

14.1　网站页面浏览量计算 …… 166
   14.1.1　背景介绍 …… 166
   14.1.2　体系结构 …… 166
   14.1.3　项目相关介绍 …… 166
   14.1.4　Storm 编码实现 …… 167
   14.1.5　运行 topology …… 174
14.2　网站用户访问量计算 …… 175
   14.2.1　背景介绍 …… 175
   14.2.2　Storm 代码实现 …… 175
   14.2.3　运行 topology …… 179
本章小结 …… 179
习题 …… 179

参考文献 …… 180

第 1 章

分布式实时计算系统

1.1 分布式的概念

Internet 是由各种不同类型、不同地区、不同领域的网络构成的互联网,然而互联网并没有集中式的控制中心,而是由大量分离且互联的节点组成的。这是一个分散式的模型。

1.1.1 分布式系统

分布式概念是在网络这个大前提下诞生的。传统的计算是集中式的计算,使用计算能力强大的服务器处理大量的计算任务,但这种超级计算机的建造和维护成本极高,且明显存在很大的瓶颈。与之相对,如果一套系统可以将需要海量计算能力才能处理的问题拆分成许多小块,然后将这些小块分配给同一套系统中不同的计算节点进行处理,最后可以将分开计算的结果合并得到最终结果,这种系统称为分布式系统。对这种系统来说,可以采用多种方式在不同节点之间进行数据通信和协调,而网络消息则是常用手段之一。

1.1.2 分布式计算

分布式系统中的计算,就是将一个复杂庞大的计算任务适当划分为一个个小任务,将这些小任务分配到不同的计算节点上,每个计算节点只需要完成自己的计算任务即可,可以有效分担海量的计算任务。每个计算节点也可以并行处理自身的任务,更加充分利用机器的 CPU 资源。最后想方设法将每个节点计算结果汇总,得到最终的计算结果。

分布式计算中的一个难点是节点之间如何高效通信。虽然在划分计算任务时,计算任务最好确保互不相干,这样每个节点可以独立运行。但大多数时节点之间还是需要互相通信,如获取对方的计算结果等。一般有两种解决方案:一种是利用消息队列,将节点之间的依赖变成节点之间的消息传递;第二种是利用分布式存储系统,将节点的执行结果暂时存放在数据库中,其他节点等待或从数据库中获取数据。无论哪种方式,只要符合实际需求都是可行的。

1.2 分布式通信

1.2.1 分布式通信基础

分布式系统中两个相邻机器节点之间的可靠数据传输的实现不易,因为原始的物理链路仅由传输介质和设备组成,数据在两个设备之间传输时随时可能因为外界原因而丢失或发生变化，直接使用物理链路无法确保数据在相邻节点之间的可靠传输。因此，采用在数据链路中将数据划分为一个个分组，将每个分组称为"帧"。帧是数据链路层的数据基本传输单位。这样一来，每条物理链路都可以按照分时原则传输不同数据链路的数据分组，实现物理链路的复用。然而，目标节点如何识别出帧的起始与结束位置呢？这就是所谓的帧同步问题。

常见的帧同步方法有字节计数法、字符填充的首尾定界法、比特填充的首尾定界法及违法编码法。目前常见的是比特填充的首尾定界法和违法编码法（IEEE 802 标准中采用此方法）。比特填充的首尾定界法是在帧的起始位置和结束位置插入一组固定比特位，用以界定帧的边界。既然使用了一组固定的比特位，帧内数据就要采用一定方式来避免出现界定帧边界使用的比特位模式，常常填入额外的比特位来解决这个问题。

违法编码法则需要物理层采用特定的比特编码方法。例如，曼彻斯特编码法是将 1 编码成"高—低"电平对，将 0 编码成"低—高"电平对，而"高—高"和"低—低"则是非法电平对。因此，可以使用非法电平对作为帧的分界符。

1.2.2 消息队列

消息队列是一种消息投递的抽象。这种概念认为模块之间互相调用可以分解成互相投递消息，而模块可以是一个进程中的两个线程，可以是同一台机器上的两个进程，可以是不同的两台机器上的服务，甚至可以是从一个集群到另一个集群，其概念非常广泛。

消息队列模型如图 1-1 所示。

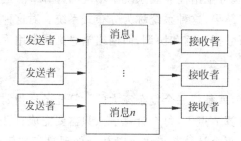

图 1-1 消息队列模型

可以看到，发送方和接收方之间是一种"松耦合"关系，也就是说发送者并不是将消息直接发送到接收者，而是通过一个名为消息队列的服务，由消息队列帮助发送方完成消息的投递。接收者则负责主动从消息队列中获取消息，当获取到消息之后执行相应服务，并通过消息队列向发送方投递一个"回执"，表示服务执行结果。

如果是在一个大系统中的几个小系统之间通信，消息队列将是一种非常好的方式，因为消息队列可以扩展到任何范围内。在现在的分布式系统中，往往会有一个"分布式消息队列"来处理不同机器之间的消息通信。此外，消息队列也可以成为一种实现 RPC 的技术，所以消息队列适用性非常广泛。

将消息队列应用到网络通信中时，常常需要一台独立的消息队列服务器或者由一个消息队列服务器集群专门处理消息的转发。这也是一种模块化与分离式的设计，让消息队列专注于消息的快速投送，而让其他服务更加专注于实现业务功能。

1.2.3　Storm 计算模型

Apache Storm 是目前最为流行的分布式实时处理系统之一。起初 Storm 使用的是传统的消息队列和工作线程的方式,也就是说,使用一个程序从 Twitter 上抓取消息,并将消息写入消息队列中,接着使用一组 Python 编写的 Worker 进程从消息队列中读取并处理。

通常情况下,一个 Worker 进程无法解决所有问题,这些 Worker 进程常常需要将消息写入一个新的消息队列中,并使用一组新的 Worker 进程从消息队列中读取并处理消息,可以用图 1-2 来描述这种情况。

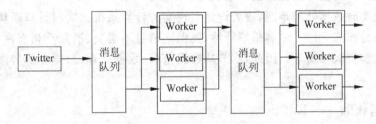

图 1-2　消息传递与获取

Storm 团队发现这种模型非常不科学,因为他们将大量的时间与精力花费在确保消息队列和 Worker 进程的可用性上,而且编写的大部分逻辑都集中于从哪个发送者获取信息和怎样序列化/反序列化这些消息中的很小一部分。这是一种反常的现象。为了解决这个问题,Storm 团队开始思考一种新的计算模型,尝试解决实时的计算问题,并让开发者将更多的关注点集中在业务逻辑而非消息的传递与保障上。

Storm 计算模型如图 1-3 所示。

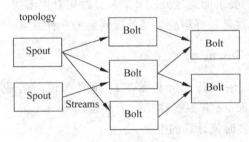

图 1-3　Storm 计算模型

在 Storm 中,一个实时应用的计算任务被打包作为 topology 发布,这同 Hadoop 的 MapReduce 任务相似。但是有一点不同的是,在 Hadoop 中,MapReduce 任务最终会执行完成后结束;而在 Storm 中,topology 任务一旦提交后永远不会结束,除非停止任务。计算任务 topology 是由不同的 Spouts 和 Bolts 通过数据流(Stream)连接起来的图。

Storm 中的核心抽象概念就是 Streams。Streams 是无限制的元组(tuple)的序列。Storm 以分布式的、可靠的方式 Spout 和 Bolt,使一个 Stream 转换到另一个 Stream。

Spout 是作为 Storm 中的消息源,用于为 topology 生产消息(数据),一般是从外部数据源(如 Message Queue、RDBMS、NoSQL、Realtime Log)不间断地读取数据并发送给

topology 消息（tuple 元组）。

Bolt 是 Storm 中的消息处理者，用于为 topology 进行消息的处理，Bolt 可以执行过滤、聚合、查询数据库等操作，而且可以一级一级地进行处理。Bolt 类接收由 Spout 或者其他上游 Bolt 类发来的 tuple，对其进行处理。

1.3 分布式实时计算系统架构

随着现今社会的迅速发展，互联网中的使用数据在以几何级的倍数增加。因而，对处理和存储大规模数据的能力所提出的要求也越来越高。

为了解决实时数据处理难题，需要设计实现实时计算系统。实时计算系统需要满足低延迟、高性能、分布式、可扩展、容错等特性，要保证消息不丢失、消息严格有序、消息如何分发以保证各机器负载均衡等。因此，本节从数据获取、数据处理、数据存储等多个方面来构建解决方案。

1.3.1 数据获取——Kafka

Kafka 是一种提供高吞吐量的分布式发布订阅消息系统，它的特性如下。

（1）通过磁盘数据结构提供消息的持久化，这种结构对于即使数据达到 TB 级别以上的消息，存储也能够保持长时间的稳定。

（2）高吞吐特性使得 Kafka 使用普通的机器硬件也能支持 10^5 req/s 的消息。

（3）能够通过 Kafka Cluster 和 Consumer Cluster 来 Partition（区分）消息。

（4）Kafka 的目的是提供一个发布订阅解决方案，它可以处理 Consumer 网站中的所有流动数据，例如在网页浏览、搜索以及用户的一些行为，这些动作是较为关键的因素。这些数据通常是由于吞吐量的要求而通过处理日志和日志聚合来解决。对于 Hadoop 这样的日志数据和离线计算系统，这是较好解决实时处理问题的一种方案。

1.3.2 数据处理——Storm

在面对如实时推荐、用户行为分析等实时性要求较高的业务时，适合离线计算的 Hadoop 平台上的 MapReduce 有些捉襟见肘。于是，Twitter 推出了开源分布式容错实时计算系统 Storm，填补了实时流计算的空缺。

Storm 的主要特点如下。

（1）简单的编程模型。类似于 MapReduce 降低了并行批处理的复杂性，Storm 降低了进行实时处理的复杂性。

（2）可以使用各种编程语言。可以在 Storm 上使用各种编程语言。默认支持 Clojure、Java、Ruby 和 Python。要增加对其他语言的支持，只需实现一个简单的 Storm 通信协议即可。

（3）容错性。Storm 会管理工作进程和节点的故障。

（4）水平扩展。计算是在多个线程、进程和服务器之间并行进行的。

（5）可靠的消息处理。Storm 保证每个消息至少能得到一次完整处理。任务失败时，它会负责从消息源重试消息。

(6) 快速。系统的设计保证了消息能得到快速的处理，使用 ZMQ 作为其底层消息队列。

(7) 本地模式。Storm 有一个本地模式，可以在处理过程中完全模拟 Storm 集群。这让用户可以快速进行开发和单元测试。

Storm 集群由一个主节点和多个工作节点组成。主节点运行一个名为 Nimbus 的守护进程，用于分配代码、布置任务及故障检测。每个工作节点都运行一个名为 Supervisor 的守护进程，用于监听工作，开始并终止工作进程。

Nimbus 和 Supervisor 都能快速失败（当发生任何意外情况时进程将自己结束），而且是无状态的，这样一来它们就变得十分健壮，两者的协调工作是由 Apache 的 Zookeeper 来完成的。

由于 Storm 默认支持 Java 等语言，即采用了 Java 优秀的动态加载技术。对于类文件只有用到时才会去加载，如不用就不会去加载。不管是使用 new 方法来实例化某个类或是使用只有一个参数的 Class.forName()方法，这两种动态机制内部都隐含了"载入类＋运行静态代码块"的步骤。类加载器只会加载类，而不会初始化静态代码块，只有当实例化这个类时，静态代码块才会被初始化。

1.3.3 数据存储——HBase

HBase 是一个分布式的面向列的开源数据库，该技术来源于 Fay Chang 所撰写的 Google 论文《Bigtable：一个结构化数据的分布式存储系统》。就像 Bigtable 利用了 Google 文件系统(File System)所提供的分布式数据存储一样，HBase 在 Hadoop 上提供了类似于 Bigtable 的能力。HBase 是 Apache 的 Hadoop 项目的子项目。HBase 不同于一般的关系数据库，它是一个适合于非结构化数据存储的数据库。另一个不同的是，HBase 的存储模式基于列模式而非传统的行模式。

1.4 系统架构

基于以上多个方面考虑，本书采用以下架构，即以 Storm 为计算处理核心，辅以 HBase、Kafka 等技术的分布式实时处理系统，如图 1-4 所示。

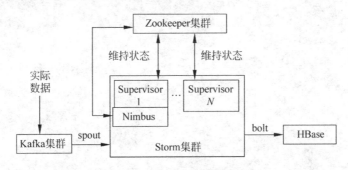

图 1-4 分布式实时处理系统

该结构采用 Kafka 生产的数据作为 Storm 的源头 spout 来消费，以 Storm 进行数据实时处理，通过一个 Zookeeper 集群协调 Storm 集群中 Nimbus 和 Supervisors 的状态维持，之后经过 Storm 进行 Bolt 处理后,将数据结果保存到 HBase。

本章小结

本章主要从几个方面介绍了分布式的一些有关概念、Storm 计算框架的相关概念以及在实时处理方面的优势,让读者对分布式计算及 Storm 计算框架有初步的认识。

(1) 简单地介绍了分布式中分布式系统与分布式计算两个重要的基本概念。

(2) 详细介绍了分布式通信概念,通过消息队列与 Storm 计算模型对比,了解 Storm 计算框架进行实时计算的优势所在。

(3) 详细介绍了一个分布式实时计算系统框架,从数据获取到数据处理,最终到数据存储等阶段,详细说明了分布式实时处理系统的数据处理流程。

习　　题

(1) 什么是分布式?解释分布式计算与分布式系统两个基本概念。

(2) 为什么要使用分布式?分布式通信的特点有哪些?

(3) 什么是 Storm 计算模型?请详细说明并画出基本模型图。

(4) 比较消息队列与 Storm 计算模型,详细说明两者的异同点。

(5) 请简单画出一个简易分布式实时处理系统图。

第 2 章

初识 Kafka

2.1 什么是 Kafka

2.1.1 Kafka 概述

Kafka 是一个高吞吐的分布式消息系统,最初是由 LinkedIn 开发,用作 LinkedIn 的活动流(activity stream)和运营数据处理管道(pipeline)的基础。现在它已被多家不同类型的公司作为多种类型的数据管道(data pipeline)和消息系统使用。现在 Kafka 则是 Apache 的项目之一,被 Apache 托管。

企业集成的基本特点是把企业中现存的本不相干的各种应用进行集成。例如,一个企业可能想把财务系统和仓管系统进行集成,减少部门间结算和流通的成本和时间,并能更好地支持上层决策。但这两个系统是由不同的厂家做的,不能修改。另外,企业集成是一个持续渐进的过程,需求变化非常频繁。这就要求 MQ 系统要非常灵活,可定制性非常高。常见的 MQ 系统通常可以通过复杂的 XML 配置或插件开发进行定制,以适应不同企业的业务流程的需要。它们大多数都能通过配置不同程度的支持 EIP 中定义的一些模式,但设计目标并没有很重视扩展性和性能,因为通常企业级应用的数据流和规模都不会非常大。即使有的比较大,使用高配置的服务器或做一个简单几个节点的集群就可以满足了。

大规模的 Service 是指面向公众的向 Facebook、Google、LinkedIn 和 taobao 这样级别或有可能成长到这个级别的应用。相对企业集成来讲,这些应用的业务流程相对比较稳定。子系统间集成的业务复杂度也相对较低,因为子系统通常也是经过精心选择和设计的并能做一定的调整,所以对 MQ 系统的可定制性及定制的复杂性要求并不高。但由于数据量会非常巨大,不是几台 Server 能满足的,可能需要几十台甚至几百台,且对性能要求较高以降低成本,所以 MQ 系统需要有很好的扩展性。而 Kafka 是一个满足 SaaS 要求的 MQ 系统,它可通过降低 MQ 系统的复杂度来提高性能和扩展性。

2.1.2 使用场景

Kafka 消息处理包括以下场景。

(1)消息处理。Kafka 可以用来替代传统的消息系统。与传统的消息系统相比,Kafka 有更好的吞吐量、分隔、复制、负载均衡和容错能力。

(2)网页动态跟踪。最初的 Kafka 就是以管道的方式使用发布订阅的,构建一个用户的活动跟踪系统的管道。

(3)运营数据监控。用来作为监控系统运营的数据管道。

(4)日志聚合。将不同系统、不同平台的日志聚合到一起做集中处理,很多场景用来作为一个日志聚合的解决方案。

(5)流处理。通过对原始数据的聚合、富有化、转化、包装成新的数据,再次发布成消息供以后使用。

2.1.3 Kafka基本特性

1. 可靠性(一致性)

MQ要实现从producer(数据生产者)到consumer(数据使用者)之间可靠地传送和分发消息。传统的MQ系统通常都是通过broker(代理)和consumer间的ack(确认)机制实现的,并在broker保存消息分发的状态。即使这样,一致性也是很难保证的(当然Kafka也支持ack机制)。Kafka的做法是由consumer自己保存状态,也不要任何确认。这样虽然consumer负担更重,但其实更灵活了。因为不管consumer上任何原因导致需要重新处理消息,都可以再次从broker获得。

Kafka的producer有一种异步发送的操作,这是为提高性能提供的。producer先将消息放在内存中,就返回。这样调用者(应用程序)不需要等网络传输结束就可以继续了。内存中的消息会在后台批量地发送到broker。由于消息会在内存中停留一段时间,这段时间是有消息丢失的风险的,所以使用该操作时需要仔细评估这一点。

2. 高可用性

Kafka可以将Log(记录)文件复制到其他topic的分隔点(可以看成Server)。当一个Server在集群中fails(失败),可以允许自动failover(切换)到其他复制的Server,所以消息可以继续存在于这种情况下。

3. 扩展性

Kafka使用Zookeeper来实现动态的集群扩展,不需要更改客户端(producer和consumer)的配置。broker会在Zookeeper注册并保持相关的元数据(topic、partition信息等)更新,而客户端会在Zookeeper上注册相关的watcher(监控)。一旦Zookeeper发生变化,客户端能及时感知并做出相应调整。这样就保证了添加或去除broker时,各broker间仍能自动实现负载均衡。

4. 负载均衡

负载均衡可以分为两个部分:producer发消息的负载均衡和consumer读消息的负载均衡。

producer有一个到当前所有broker的连接池,当一个消息需要发送时,需要决定发送到哪个broker(即partition)。这是由partition实现的,partition是由应用程序实现的。应用程序可以实现任意的分区机制。要实现均衡的负载均衡同时考虑到消息顺序的问题(只有一个partition/broker上的消息能保证按顺序投递),partition的实现并不容易。

consumer读取消息时,除了考虑当前的broker情况外,还要考虑其他consumer的情况,才能决定从哪个partition读取消息。

2.1.4 性能

性能是Kafka设计重点考虑的因素,应使用多种方法来保证稳定的I/O性能。

Kafka使用磁盘文件保存收到的消息。它使用一种类似于WAL(Write Ahead Log)的机制来实现对磁盘的顺序读写,然后再定时地将消息批量写入磁盘。消息的读取基本也是顺序的,这符合MQ的顺序读取和追加写特性。

另外,Kafka通过批量消息传输来减少网络传输,并使用Java中的发送文件和零复制机制来减少从读取文件到发送消息间内存数据复制和内核用户态切换的次数。

根据Kafka的性能测试报告,其性能基本达到了I/O的复杂度。

2.1.5 总结

Kafka和其他绝大多数消息系统相比,有如下几个设计决策的区别。

(1) Kafka将持久化消息作为通常的使用情况进行考虑。

(2) 系统设计的主要约束是吞吐量而不是功能。

(3) Kafka将数据是否被使用的状态信息作为数据使用者(consumer)的一部分保存,而不是保存在服务器上。

(4) Kafka是一种显式的分布式系统。数据生产者(producer)、代理(broker)和数据使用者(consumer)分散于多台机器上。

2.1.6 Kafka在LinkedIn中的应用

图2-1所示是在LinkedIn中部署各系统形成的拓扑结构。

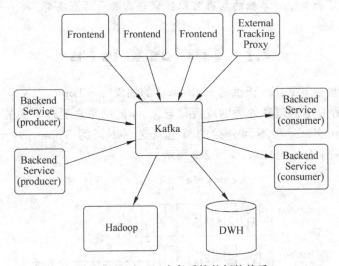

图2-1 LinkedIn中各系统的拓扑关系

需要注意的是,一个单独的Kafka集群系统用于处理来自各种不同来源的所有活动数据。它同时为在线和离线的数据使用者提供了一个单独的数据管道,在线活动和异步处理之间形成一个缓冲区层。还可以使用Kafka把所有数据复制(replicate)到另外一个不同的数据中心去做离线处理。

不让一个单独的Kafka集群系统跨越多个数据中心,而是让Kafka支持多数据中心的数据流拓扑结构,要通过在集群之间进行镜像或同步来实现。这个功能非常简单,镜像集群只是作为源集群的数据使用者的角色运行。这意味着,一个单独的集群就能够将来自多个数据中心的数据集中到一个位置。图2-2所示是可用于支持批量加载(batch loads)的多数据中心拓扑结构的一个例子。

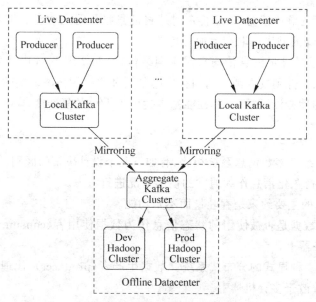

图 2-2 多数据中心拓扑结构

注意：图 2-2 中上面部分的两个集群之间不存在通信连接，两者可能大小不同，具有不同数量的节点。下面部分的单独的集群可以镜像任意数量的源集群。

2.2 Topics 和 logs

首先深入了解一下 Kafka 提供的 high-level 的抽象——Topic。

Topic 可以看成不同消息的类别或者信息流，不同的消息通过不同的 Topic 进行分类或者汇总，然后 producer 将不同分类的消息发送到不同的 Topic。对于每一个 Topic，Kafka 集群维护一个分区的日志，如图 2-3 所示。

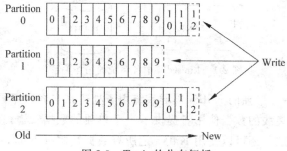

图 2-3 Topic 的分布解析

由图 2-3 可以看出，每个 partition 中的消息序列都是有序的，并且不可更改，这些分区可以在尾部不停地追加消息。同一分区中的不同消息都会分配一个唯一的数字进行标识，这个数字被称为 offset，用于进行消息的区分。每一条消息都是由若干个字节构成。

Kafka 集群可以保存所有发布的消息，无论消息是否被消费，保存时间都是可配置的。例如，如果日志保存时间设置为两天，则从日志保存之时开始，两天之内都是可消费的，然而两天之后消息会被抛弃,以释放空间。因此,Kafka可以高效持久地保存大量数据。

事实上,每个消费者所需要保存的元数据只有一个offset(偏移值),即记录日志中当前consume的位置。offset是由consumer所控制的。通常情况下,offset会随着consumer阅读消息而线性地递增,好像offset只能被动跟随consumer阅读变化。但实际上,offset完全是由consumer控制的,consumer可以从任何它喜欢的位置consume消息。例如,consumer可以将offset重新设置为先前的值并重新consume数据。

这些特征共同说明,Kafka consumer可以很廉价地进行操作。在不必影响集群和其他consumer的情况下,consumer可以很自由地来去。例如,可以使用Kafka提供的命令行工具去追踪任何Topic的内容,而不必改变当前consumer所使用的Topic内容。

日志服务器中存在partition有若干目的:①多个分区的共存可以使日志规模超过单独Server的尺寸。需要注意的是,每一个单独的分区必须符合所在Server的尺寸,即同一个Topic的同一个partition的数据只能在同一台Server上存储,也就是说同一个Topic下的同一个partition的数据不能同时存放于两台Server上,但是同一个Topic可以包含很多partition。这样就使同一个Topic可以包含任意数量的数据,理论上可以通过增加Server的数目来增加partition的数目。②多个partition的存在,可以作为数据并行处理的单位,而不是以bit为单位(既可以由多个consumer使用不同的partition,也可以由不同的consumer使用同一个partition,因为offset是由consumer控制的)。

2.3 分布式——consumers 和 producers

每个分区在Kafka集群的若干服务中都有副本,这些持有副本的服务可以共同处理数据和请求,副本数量是可以配置的。副本使Kafka具备了容错能力。

每个分区都由一个服务器作为leader(领导者),零个或若干个服务器作为followers(跟随者)。leader负责处理消息的读和写,followers则去复制leader。如果leader离线了,followers中的一台则会自动成为leader。集群中的每个服务都会同时扮演两个角色:作为它所持有的一部分分区的leader,同时作为其他分区的followers,这样集群就会具有较好的负载均衡。

producer将消息发布到它指定的Topic中,并负责决定发布到哪个分区。通常简单地由负载均衡机制随机选择分区,但也可以通过特定的分区函数选择分区。使用得更多的是第二种。发布消息通常有两种模式:队列模式(queuing)和发布—订阅模式(publish-subscribe)。

队列模式中,consumers可以同时从服务端读取消息,每个消息只被其中一个consumer读到。发布—订阅模式中,消息被广播到所有的consumer中。consumers可以加入一个consumer组,共同竞争一个Topic,Topic中的消息将被分发到组中的一个成员中。同一组中的consumer可以在不同的程序中,也可以在不同的机器上。如果所有的consumer都在一个组中,这就成了传统的队列模式,在各consumer中实现负载均衡;如果所有的consumer都在不同的组中,这就成了发布—订阅模式,所有的消息都被分发到所有的consumer中。更常见的是,每个Topic都有若干数量的consumer组,每个组都是一个逻辑上的"订阅者"。为了容错和更好的稳定性,每个组由若干consumer组成。这就是一个发布—订阅模式,只不过订阅者是单个的组,而不是单个consumer。

由两个机器组成的集群拥有4个分区(P0~P3)、2个consumer组,A组有两个consumer而B组有4个,如图2-4所示。

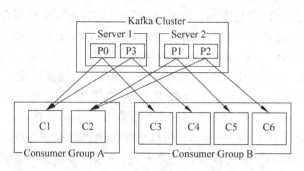

图 2-4 两个机器组成的集群

传统的队列在服务器上保存有序的消息，如果多个 consumers 同时从这个服务器消费消息，服务器就会以消息存储的顺序向 consumer 分发消息。虽然服务器按顺序发布消息，但是消息是被异步分发到各 consumer 上，所以当消息到达时可能已经失去了原来的顺序，这意味着并发消费将导致顺序错乱。为了避免故障，这样的消息系统通常使用"专用 consumer"的概念，其实就是只允许一个消费者消费消息，当然这就意味着失去了并发性。

在这方面 Kafka 做得更好，通过分区的概念，Kafka 可以在多个 consumer 组并发的情况下提供较好的有序性和负载均衡。将每个分区只分发给一个 consumer 组，这样一个分区只被这个组的一个 consumer 消费，就可以顺序地消费这个分区的消息。因为有多个分区，依然可以在多个 consumer 组之间进行负载均衡。注意，consumer 组的数量不能多于分区的数量，也就是有多少分区就允许多少并发消费。

Kafka 只能保证一个分区之内消息的有序性，在不同的分区之间是不可以的，这已经可以满足大部分应用的需求。如果需要 Topic 中所有消息有序，那只能让这个 Topic 只有一个分区，当然也就只有一个 consumer 消费它。

本章小结

本章学习了 Kafka 的相关特性，包括 Topics 和 Logs，以及分布式系统中的 producers 和 consumers。本章的知识点如下。

（1）Kafka 的相关特性、应用场景以及特点。其重要性不言而喻，在宏观上对 Kafka 有了一定的了解。

（2）Topics 和 Logs。首先要对消息队列有所了解，明白消息队列中 Topic 的分布和解析是有序的。

（3）consumer 和 producer。对于生产者和消费者，要熟知它们的消息处理方式。最后要了解的是，相对于其他的消息系统，Kafka 可以很好地保证有序性。

习　题

（1）Kafka 有何特性？

（2）Kafka 有哪些组件？请做简要介绍。

第 3 章

Kafka 环境搭建

3.1 服务器搭建

Kafka 服务器的搭建可按以下步骤进行。

(1) 下载 Kafka。下载最新的版本并解压。

```
> tar -xzf kafka_2.9.2-0.8.1.1.tgz
> cd kafka_2.9.2-0.8.1.1
```

(2) 启动服务。Kafka 用到了 Zookeeper，所以首先应启动 Zookeeper。下面启用一个单实例的 Zookeeper 服务。可以在命令的结尾加 & 符号，这样就可以启动服务后离开控制台。

```
> bin/zookeeper-server-start.sh config/zookeeper.properties &
[2013-04-22 15:01:37,495] INFO Reading configuration from: config/zookeeper.properties
(org.apache.zookeeper.server.quorum.QuorumPeerConfig)
...
```

现在启动 Kafka：

```
> bin/kafka-server-start.sh config/server.properties
[2013-04-22 15:01:47,028] INFO Verifying properties (kafka.utils.VerifiableProperties)
[2013-04-22 15:01:47,051] INFO Property socket.send.buffer.bytes is overridden to
1048576 (kafka.utils.VerifiableProperties)
...
```

(3) 创建 Topic。创建一个叫作 test 的 Topic，它只有一个分区，一个副本。

```
> bin/kafka-topics.sh --create --zookeeper localhost:2181 --replication-factor
1 --partitions 1 --topic test
```

可以通过 list 命令查看创建的 Topic。

```
> bin/kafka-topics.sh --list --zookeeper localhost:2181
test
```

除了手动创建 Topic，还可以配置 broker 来自动创建 Topic。

(4) 发送消息。Kafka 使用一个简单的命令行 producer，从文件或者标准输入中读取消息并发送到服务端。默认每条命令将发送一条消息。

运行 producer，并在控制台输入一些消息，这些消息将被发送到服务端。

```
> bin/kafka-console-producer.sh --broker-list localhost:9092 --topic test
This is a message This is another message
```

按 Ctrl+C 组合键可以退出发送。

（5）启动 consumer。Kafka 有一个命令行 consumer，可以读取消息并输出到标准输出。

```
> bin/kafka-console-consumer.sh --zookeeper localhost:2181 --topic test --from-beginning
This is a message
This is another message
```

在一个终端运行 consumer 命令行，在另一个终端运行 producer 命令行，就可以在一个终端输入消息，在另一个终端读取消息。

这两个命令都有自己的可选参数，可以在运行时不加任何参数就看到帮助信息。

（6）搭建一个具有多个 broker 的集群。刚才只是启动了单个 broker，现在启动由 3 个 broker 组成的集群，这些 broker 节点都是在本机上。

首先为每个节点编写配置文件。

```
> cp config/server.properties config/server-1.properties
> cp config/server.properties config/server-2.properties
```

在复制出的新文件中添加以下参数。

```
config/server-1.properties:
    broker.id=1
    port=9093
    log.dir=/tmp/kafka-logs-1
config/server-2.properties:
    broker.id=2
    port=9094
    log.dir=/tmp/kafka-logs-2
```

broker.id 在集群中唯一标注一个节点，因为在同一个机器上，所以必须制定不同的端口和日志文件，避免数据被覆盖。

刚才已经启动 Zookeeper 和一个节点，现在启动另外两个节点。

```
> bin/kafka-server-start.sh config/server-1.properties &
...
> bin/kafka-server-start.sh config/server-2.properties &
...
```

创建一个拥有 3 个副本的 Topic。

```
> bin/kafka-topics.sh --create --zookeeper localhost:2181 --replication-factor 3 --partitions 1 --topic my-replicated-topic
```

现在已经搭建了一个集群，怎么知道每个节点的信息呢？运行 describe topics 命令就可以了。

```
> bin/kafka-topics.sh --describe --zookeeper localhost:2181 --topic my-replicated-topic
Topic:myreplicatedtopic    PartitionCount:1    ReplicationFactor:3    Configs:
Topic: my- replicated- topic    Partition: 0    Leader: 1    Replicas: 1,2,0    Isr: 1,2,0
```

其中,第一行是对所有分区的一个描述,且每个分区都会对应一行,因为只有一个分区,所以下面只加了一行。

Leader:负责处理消息的读和写,Leader 是从所有节点随机选择的。

Replicas:列出了所有的副本节点,不管节点是否在服务中。

Isr:是正在服务中的节点。

在本例中,节点 1 是作为 Leader 运行。向 Topic 发送消息。

```
> bin/kafka-console-producer.sh --broker-list localhost:9092 --topic my-replicated-topic
...
my test message 1my test message 2^C
```

消费这些消息:

```
> bin/kafka-console-consumer.sh --zookeeper localhost:2181 --from-beginning --topic my-replicated-topic
...
my test message 1
my test message 2
```

3.2 开发环境搭建

搭建好了 Kafka 的服务器,可以使用 Kafka 的命令行工具创建 Topic,发送和接收消息。下面介绍搭建 Kafka 的开发环境。

1. 添加依赖

搭建开发环境需要引入 Kafka 的 jar 包,一种方式是将 Kafka 安装包中 lib 目录下的 jar 包加入项目的 classpath 中;另一种方式是使用 maven 管理 jar 包依赖。

创建好 maven 项目后,在 pom.xml 中添加以下依赖。

```xml
<dependency>
    <groupId> org.apache.kafka</groupId>
    <artifactId> kafka_2.10</artifactId>
    <version> 0.8.0</version>
</dependency>
```

添加依赖后会发现有两个 jar 包的依赖找不到。下载这两个 jar 包,解压后有两种选择:第一种是使用 mvn 的 install 命令将 jar 包安装到本地仓库;另一种是直接将解压后的文件夹复制到 mvn 本地仓库的 com 文件夹下,如 d:\mvn。完成后目录结构如图 3-1 所示。

2. 配置程序

首先是一个充当配置文件作用的接口,配置了 Kafka 的各种连接参数。

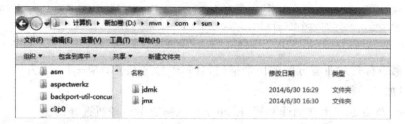

图 3-1　目录结构

```
package com.sohu.kafkademon;
public interface KafkaProperties
{
    final static String zkConnect = "10.22.10.139:2181";
    final static String groupId = "group1";
    final static String topic = "topic1";
    final static String kafkaServerURL = "10.22.10.139";
    final static int kafkaServerPort = 9092;
    final static int kafkaProducerBufferSize = 64 * 1024;
    final static int connectionTimeOut = 20000;
    final static int reconnectInterval = 10000;
    final static String topic2 = "topic2";
    final static String topic3 = "topic3";
    final static String clientId = "SimpleConsumerDemoClient";
}
```

Producer

```
package com.sohu.kafkademon;
import java.util.Properties;
import kafka.producer.KeyedMessage;
import kafka.producer.ProducerConfig;
/**
 * @author leicui bourne_cui@163.com
 */
public class KafkaProducer extends Thread
{
    private final kafka.javaapi.producer.Producer<Integer, String> producer;
    private final String topic;
    private final Properties props = new Properties();
    public KafkaProducer(String topic)
    {
        props.put("serializer.class", "kafka.serializer.StringEncoder");
        props.put("metadata.broker.list", "10.22.10.139:9092");
        producer = new kafka.javaapi.producer.Producer<Integer, String>(new
ProducerConfig(props));
        this.topic = topic;
    }
    @Override
    public void run() {
        int messageNo = 1;
        while (true)
```

```java
        {
            String messageStr = new String("Message_" + messageNo);
            System.out.println("Send:" + messageStr);
            producer.send(new KeyedMessage<Integer, String> (topic, messageStr));
            messageNo++;
            try {
                sleep(3000);
            } catch (InterruptedException e) {
                //TODO Auto-generated catch block
                e.printStackTrace();
            }
        }
    }
}
```

Consumer
```java
package com.sohu.kafkademon;
import java.util.HashMap;
import java.util.List;
import java.util.Map;
import java.util.Properties;
import kafka.consumer.ConsumerConfig;
import kafka.consumer.ConsumerIterator;
import kafka.consumer.KafkaStream;
import kafka.javaapi.consumer.ConsumerConnector;
/**
 * @author leicui bourne_cui@163.com
 */
public class KafkaConsumer extends Thread
{
    private final ConsumerConnector consumer;
    private final String topic;
    public KafkaConsumer(String topic)
    {
        consumer = kafka.consumer.Consumer.createJavaConsumerConnector(
createConsumerConfig());
        this.topic = topic;
    }
    private static ConsumerConfig createConsumerConfig()
    {
        Properties props = new Properties();
        props.put("zookeeper.connect", KafkaProperties.zkConnect);
        props.put("group.id", KafkaProperties.groupId);
        props.put("zookeeper.session.timeout.ms", "40000");
        props.put("zookeeper.sync.time.ms", "200");
        props.put("auto.commit.interval.ms", "1000");
        return new ConsumerConfig(props);
    }
    @Override
    public void run() {
        Map<String, Integer> topicCountMap = new HashMap<String, Integer>();
```

```
            topicCountMap.put(topic, new Integer(1));
        Map<String, List<KafkaStream<byte[], byte[]>>> consumerMap = consumer.
createMessageStreams(topicCountMap);
        KafkaStream<byte[], byte[]> stream = consumerMap.get(topic).get(0);
        ConsumerIterator<byte[], byte[]> it = stream.iterator();
        while (it.hasNext()) {
            System.out.println("receive: " + new String(it.next().message()));
            try {
                sleep(3000);
            } catch (InterruptedException e) {
                e.printStackTrace();
            }
        }
    }
}
```

3. 简单的发送/接收

运行以下程序,可以进行简单的发送/接收消息。

```
package com.sohu.kafkademon;
/**
 * @author leicui bourne_cui@163.com
 */
public class KafkaConsumerProducerDemo
{
    public static void main(String[] args)
    {
        KafkaProducer producerThread = new KafkaProducer(KafkaProperties.topic);
        producerThread.start();
        KafkaConsumer consumerThread = new KafkaConsumer(KafkaProperties.topic);
        consumerThread.start();
    }
}
```

4. 高级别的 consumer

以下是比较负载的发送/接收的程序。

```
package com.sohu.kafkademon;
import java.util.HashMap;
import java.util.List;
import java.util.Map;
import java.util.Properties;
import kafka.consumer.ConsumerConfig;
import kafka.consumer.ConsumerIterator;
import kafka.consumer.KafkaStream;
import kafka.javaapi.consumer.ConsumerConnector;
/**
 * @author leicui bourne_cui@163.com
 */
public class KafkaConsumer extends Thread
{
```

```java
    private final ConsumerConnector consumer;
    private final String topic;
    public KafkaConsumer(String topic)
    {
        consumer = kafka.consumer.Consumer.createJavaConsumerConnector(
createConsumerConfig());
        this.topic = topic;
    }
    private static ConsumerConfig createConsumerConfig()
    {
        Properties props = new Properties();
        props.put("zookeeper.connect", KafkaProperties.zkConnect);
        props.put("group.id", KafkaProperties.groupId);
        props.put("zookeeper.session.timeout.ms", "40000");
        props.put("zookeeper.sync.time.ms", "200");
        props.put("auto.commit.interval.ms", "1000");
        return new ConsumerConfig(props);
    }
    @Override
    public void run() {
        Map<String, Integer> topicCountMap = new HashMap<String, Integer>();
        topicCountMap.put(topic, new Integer(1));
        Map< String, List<KafkaStream<byte[], byte[]>>> consumerMap = consumer.createMessageStreams(topicCountMap);
        KafkaStream<byte[], byte[]> stream = consumerMap.get(topic).get(0);
        ConsumerIterator<byte[], byte[]> it = stream.iterator();
        while (it.hasNext()) {
            System.out.println("receive: " + new String(it.next().message()));
            try {
                sleep(3000);
            } catch (InterruptedException e) {
                e.printStackTrace();
            }
        }
    }
}
```

本章小结

通过本章的学习，对 Kafka 的搭建有了一定的了解，知道了如何搭建 Kafka 系统以及对一些问题的处理方式。

第 4 章将对 Kafka 的结构进行介绍。

习 题

请试着按照本章的方法在本机上搭建 Kafka 集群。

第 4 章

Kafka 消息传送

4.1 消息传输的事务定义

之前讨论了 consumer 和 producer 是怎么工作的,现在来讨论数据传输。数据传输的事务定义通常有以下三种级别。

最多一次:消息不会被重复发送,最多被传输一次,但也有可能一次不传输。

最少一次:消息不会被漏发送,最少被传输一次,但也有可能被重复传输。

精确的一次(Exactly once):不会漏传输也不会重复传输,每个消息都被传输一次而且仅仅被传输一次,这是大家所期望的。

大多数消息系统声称可以做到"精确的一次",但是仔细阅读这些文档可以看到里面存在误导,例如没有说明当 consumer 或 producer 失败时怎么样,或者当有多个 consumer 并行时怎么样,或写入硬盘的数据丢失时又会怎么样。Kafka 的做法要先进一些。当发布消息时,Kafka 有一个 committed 的概念,一旦消息被提交了,只要消息被写入的分区所在的副本 broker 是活动的,数据就不会丢失。关于副本的活动的概念,下节会讨论,现在假设 broker 是不会离线(down)的。

如果 producer 发布消息时发生了网络错误,但又不确定是在提交之前发生的还是提交之后发生的,这种情况虽然不常见,但是必须考虑进去。现在的 Kafka 版本还没有解决这个问题,将来的版本正在努力尝试解决。

并不是所有的情况都需要"精确的一次"这样高的级别,Kafka 允许 producer 灵活地指定级别。如 producer 可以指定必须等待消息被提交的通知,或者完全异步发送消息而不等待任何通知,或者仅仅等待 leader 声明它拿到了消息(followers 没有必要)。

现在从 consumer 方面考虑这个问题,所有的副本都有相同的日志文件和相同的 offset,consumer 维护自己消费的消息的 offset,如果 consumer 不会崩溃,则可以在内存中保存这个值,当然谁也不能保证这一点。如果 consumer 崩溃了,会有另外一个 consumer 接着消费消息,它需要从一个合适的 offset 继续处理。这种情况下可以有以下选择。

consumer 可以先读取消息,然后将 offset 写入日志文件中,再处理消息。这存在一种可能,在存储 offset 后还没处理消息就崩溃(crash)了,新的 consumer 继续从这个 offset 开始处理,那么就会有些消息永远不会被处理,这就是上面说的"最多一次"。

consumer 可以先读取消息,处理消息,最后记录 offset,但如果在记录 offset 之前就崩溃了,新的 consumer 会重复消费一些消息,这就是上面说的"最少一次"。

"精确的一次"可以通过将提交分为两个阶段来解决。保存 offset 后提交一次,消息处理成功之后再提交一次。但是还有更简单的做法,将消息的 offset 和消息被处理后的结果保存在一起。例如,用 Hadoop ETL 处理消息时,将处理后的结果和 offset 同时保存在 HDFS 中,这样就能保证消息和 offset 同时被处理了。

4.2 性能优化

Kafka 在提高效率方面做了很大努力。Kafka 的一个主要使用场景是处理网站活动日志,吞吐量是非常大的,每个页面都会产生很多次写操作。读方面,假设每个消息只被消费一次,读的量也是很大的,Kafka 尽量使读的操作更轻量化。

之前已经讨论了磁盘的性能问题,线性读写的情况下影响磁盘性能问题大约有两个方面:太多琐碎的 I/O 操作和太多的字节复制。I/O 问题可能发生在客户端和服务端之间,也可能发生在服务端内部的持久化的操作中。

4.2.1 消息集

为了避免这些问题,Kafka 建立了消息集(message set)的概念,将消息组织到一起,作为处理的单位。以消息集为单位处理消息,比以单个消息为单位处理会提升不少性能。producer 把消息集一块发送给服务端,而不是一条条地发送;服务端把消息集一次性追加到日志文件中,这样减少了琐碎的 I/O 操作。consumer 也可以一次性请求一个消息集。

另外一个性能优化是在字节复制方面。在低负载的情况下这不是问题,但是在高负载的情况下它的影响还是很大的。为了避免这个问题,Kafka 使用了标准的二进制消息格式,这个格式可以在 producer、broker 和 producer 之间共享而无须做任何改动。

zero copy

broker 维护的消息日志仅仅是一些目录文件,消息集以固定的格式写入日志文件中。这个格式是 producer 和 consumer 共享的,使 Kafka 可以一个很重要的点进行优化:消息在网络上的传递。现代的 UNIX 操作系统提供了高性能的将数据从页面缓存发送到 Socket 的系统函数,Linux 中的这个函数是 sendfile()。

为了更好地理解函数 sendfile() 的好处,先来看一般将数据从文件发送到 Socket 的数据流向。

(1) 操作系统把数据从文件复制到内核中的页缓存。
(2) 应用程序从页缓存把数据复制到自己的内存缓存。
(3) 应用程序将数据写入内核中的 Socket 缓存。
(4) 操作系统把数据从 Socket 缓存中复制到网卡接口缓存,从这里发送到网络。

这显然是低效率的,有 4 次复制和两次系统调用。函数 sendfile() 直接将数据从页面缓存发送到网卡接口缓存,避免了重复复制,大大优化了性能。

在一个多 consumers 的场景里,数据仅仅被复制到页面缓存一次而不是每次消费消息时都重复地进行复制,使消息以近乎网络带宽的速率发送出去。这样在磁盘层面几乎看不到任何的读操作,因为数据都是从页面缓存直接发送到网络。

4.2.2 数据压缩

很多时候,性能的瓶颈并非 CPU 或者硬盘,而是网络带宽,对于需要在数据中心之间传送大量数据的应用更是如此。用户可以在没有 Kafka 支持的情况下各自压缩自己的消息,但是这将导致较低的压缩率,因为相比于将消息单独压缩,将大量文件压缩在一起才能起到最好的压缩效果。

Kafka 采用了端到端的压缩。因为有"消息集"的概念,客户端的消息可以一起被压缩后发送到服务端,并以压缩后的格式写入日志文件,以压缩的格式发送到 consumer,消息从 producer 发出到 consumer 收到都是压缩的,只有在 consumer 使用时才被解压缩,所以叫作端到端的压缩。

4.3 生产者和消费者

4.3.1 Kafka 生产者的消息发送

producer 直接将数据发送到 broker 的 Leader(主节点),不需要在多个节点间进行分发。为了帮助 producer 做到这一点,所有的 Kafka 节点都可以及时地告知:哪些节点是活动的,Topic 目标分区的 leader 在哪儿。这样 producer 就可以直接将消息发送到目的地。

客户端控制消息将被分发到哪个分区?可以通过负载均衡随机地选择,或者使用分区函数。Kafka 允许用户实现分区函数,指定分区的 key(关键字),将消息 hash 到不同的分区上(当然有需要也可以覆盖这个分区函数自己实现逻辑)。例如,如果指定的 key 是 user id,那么同一个用户发送的消息都被发送到同一个分区上。经过分区之后,consumer 就可以有目的地消费某个分区的消息。

批量发送可以有效地提高发送效率。Kafka producer 的异步发送模式允许进行批量发送,先将消息缓存在内存,然后一次请求批量发送出去。这个策略可以配置,可以指定缓存的消息达到某个量时就发送出去,或者缓存了固定的时间后就发送出去(如 100 条消息就发送,或者每 5s 发送一次)。这种策略将大大减少服务端的 I/O 次数。

既然缓存是在 producer 端进行的,那么当 producer 崩溃时,这些消息就会丢失。Kafka 0.8.1 的异步发送模式还不支持回调,不能在发送出错时进行处理。Kafka 0.9 可能会增加这样的回调函数。

4.3.2 Kafka consumer

Kafka consumer 消费消息时,向 broker 发出 fetch 请求去消费特定分区的消息。consumer 指定消息在日志中的偏移量(offset),就可以消费从这个位置开始的消息。customer 拥有 offset 的控制权,可以向后回滚去重新消费之前的消息,这是很有意义的。

Kafka 最初考虑的问题是,customer 应该从 brokers 拉取消息还是 brokers 将消息推送到 consumer,也就是 pull 还是 push。这方面,Kafka 遵循了一种大部分消息系统共同的传统设计:producer 将消息推送到 broker,consumer 从 broker 拉取消息。

一些消息系统（如 Scribe 和 Apache Flume）采用了 push 模式，将消息推送到下游的 consumer。这样做有好处，也有坏处。由 broker 决定消息推送的速率，对于不同消费速率的 consumer 就不太好处理了。消息系统致力于让 consumer 以最大的速率消费消息，不幸的是，push 模式下，当 broker 推送的速率远大于 consumer 消费的速率时，consumer 恐怕就要崩溃了。最终，Kafka 还是选取了传统的 pull 模式。

pull 模式的另外一个好处是 consumer 可以自主决定是否批量地从 broker 拉取数据。push 模式必须在不知道下游 consumer 消费能力和消费策略的情况下决定是立即推送每条消息，还是缓存之后批量推送。如果为了避免 consumer 崩溃而采用较低的推送速率，可能导致一次只推送较少的消息而造成浪费。在 pull 模式下，consumer 可以根据自己的消费能力决定这些策略。

pull 模式有个缺点，如果 broker 没有可供消费的消息，将导致 consumer 不断地在循环中轮询，直到新消息到达。为了避免这一点，Kafka 有个参数，可以让 consumer 阻塞知道新消息到达。当然，也可以阻塞知道消息的数量，使其达到某个特定的量再批量发送。

同样，对消费消息状态的记录也是很重要的。

大部分消息系统在 broker 端的维护消息中有被消费的记录：一个消息被分发到 consumer 后，broker 马上进行标记或者等待 customer 的通知后进行标记。这样可以在消息被消费后立即删除以减少空间的占用。

这样会不会有什么问题呢？如果一条消息发送出去之后立即被标记为消费过的，一旦 consumer 处理消息失败（如程序崩溃），消息就丢失了。为了解决这个问题，很多消息系统提供了另外一个功能：当消息被发送出去之后仅仅被标记为已发送状态，当接到 consumer 已经消费成功地通知后才标记为已被消费的状态。这虽然解决了消息丢失的问题，但产生了新问题。首先，如果 consumer 处理消息成功了，但是向 broker 发送响应时失败了，这条消息将被消费两次。第二个问题是，broker 必须维护每条消息的状态，并且每次都要先锁住消息，然后更改状态，再释放锁。这样麻烦又来了，且不说要维护大量的状态数据，如消息发送出去但没有收到消费成功的通知，这条消息将一直处于被锁定的状态。Kafka 采用了不同的策略。Topic 被分成若干分区，每个分区在同一时间只被一个 consumer 消费。这意味着每个分区被消费的消息在日志中的位置仅仅是一个简单的整数 offset。这样很容易标记每个分区的消费状态，仅仅需要一个整数而已。这样消费状态的跟踪变得简单了。

这带来了另外一个好处，consumer 可以把 offset 调成一个过去的值，去重新消费过去的消息。这对传统的消息系统来说看起来有些不可思议，但确实是非常有用的，谁规定了一条消息只能被消费一次呢？consumer 发现解析数据的程序有 bug，修改 bug 后再来解析一次消息，看起来是很合理的。

高级的数据持久化允许 consumer 每个隔一段时间批量地将数据加载到线下系统中，例如 Hadoop 或者数据仓库。这种情况下，Hadoop 可以将加载任务分拆，拆成每个 broker、Topic 或每个分区加载一个任务。Hadoop 具有任务管理功能，当一个任务失败了可以重启，而不用担心数据被重新加载，只要从上次加载的位置开始。

4.4 主从同步

　　Kafka 允许 Topic 的分区拥有若干副本,这个数量是可以配置的,可以为每个 Topic 配置副本的数量。Kafka 会自动在每个副本上备份数据,所以当一个节点损坏时数据依然是可用的。

　　Kafka 的副本功能不是必需的,可以配置只有一个副本,这样相当于只有一份数据。创建副本的单位是 Topic 的分区,每个分区都有一个 Leader 和零或多个 Followers。所有的读写操作都由 Leader 处理,一般分区的数量都比 broker 的数量多得多,各分区的 Leader 均匀地分布在 brokers 中。所有的 Followers 都复制 Leader 的日志,日志中的消息与顺序都与 Leader 中的一致。Followers 像普通的 consumer 一样从 Leader 那里拉取消息,并保存在自己的日志文件中。

　　许多分布式的消息系统会自动地处理失败的请求,它们对一个节点是否活着(alive)有着清晰的定义。Kafka 判断一个节点是否活着有两个条件:节点必须可以维护和 Zookeeper 的连接,Zookeeper 通过心跳机制检查每个节点的连接。如果节点是 Follower,它必须能及时地同步 Leader 的写操作,延时不能太久。

　　准确地说,符合以上条件的节点应该是同步中的(in sync),而不是模糊地说是"活着的"或"失败的"。Leader 会追踪所有"同步中"的节点,一旦一个离线(down)了,或是卡住了,或是延时太久,Leader 就会把它移除。至于延时多久可以认为是"太久",由参数 replica.lag.max.messages 决定;怎样可以认为是卡住了,由参数 replica.lag.time.max.ms 决定。

　　只有当消息被所有的副本加入日志中时,才是 committed(被提交)。只有 committed 的消息才会发送给 consumer,这样就不用担心一旦 Leader down 消息会丢失。producer 也可以选择是否等待消息被提交的通知,这是由参数 request.required.acks 决定的。Kafka 保证只要有一个"同步中"的节点,committed 的消息就不会丢失。

　　Kafka 的核心是日志文件,日志文件在集群中的同步是分布式数据系统基础的要素。

　　如果 Leader 永远不会 down,就不需要 Followers 了。一旦 Leader down,需要在 Followers 中选择一个新的 Leader,但是 followers 本身有可能延时太久或者 crash,所以必须选择高质量的 Follower 作为 Leader。必须保证,一旦一个消息被提交了,但是 Leader down,新选出的 Leader 必须可以提供这条消息。大部分的分布式系统采用了多数投票法则选择新的 Leader。对于多数投票法则,就是根据所有副本节点的状况动态地选择最适合的作为 Leader。Kafka 并不使用这种方法。

　　Kafka 动态维护了一个同步状态的副本的集合(a set of in-sync replicas,ISR),在这个集合中的节点都是和 Leader 保持高度一致的,任何一条消息必须被这个集合中的每个节点读取并追加到日志中,才会通知外部这个消息已经被提交了。因此,这个集合中的任何一个节点随时可以被选为 Leader。ISR 在 Zookeeper 中维护。ISR 中有 f+1 个节点,可以允许在 f 个节点 down 的情况下不会丢失消息,并正常提供服务。ISR 的成员是动态的,如果一个节点被淘汰了,当它重新达到"同步中"的状态时,它可以重新加入 ISR。这种 Leader 的选择方式是非常快速的,适合 Kafka 的应用场景。

　　一个最坏的想法:如果所有节点都 down 怎么办? Kafka 对数据不会丢失的保证,是基于至少一个节点是存活的,一旦所有节点都 down,这就不能保证了。

实际应用中,当所有的副本都 down 时,必须及时做出反应,可以有以下两种选择。

(1) 等待 ISR 中的任何一个节点恢复并担任 Leader。

(2) 选择所有节点中(不只是 ISR)第一个恢复的节点作为 Leader。

这是一个在可用性和连续性之间的权衡。如果等待 ISR 中的节点恢复,一旦 ISR 中的节点活不起来或者数据都死了,那集群就永远恢复不了。如果等待 ISR 意外的节点恢复,这个节点的数据就会被作为线上数据,有可能和真实的数据有所出入,因为有些数据可能还没同步到。Kafka 目前选择了第二种策略,在未来的版本中将使这个策略的选择可配置,以便根据场景灵活地选择。

这种窘境不只 Kafka 会遇到,几乎所有的分布式数据系统都会遇到。

以上仅仅以一个 Topic 分区为例子进行了讨论,实际上一个 Kafka 将会管理成千上万的 Topic 分区。Kafka 尽量使所有分区均匀地分布到集群所有的节点上,而不是集中在某些节点上,另外主从关系也尽量均衡,这样每个节点都会担任一定比例的分区的 Leader。

优化 leader 的选择过程也是很重要的,它决定了系统发生故障时的空窗期有多久。Kafka 选择一个节点作为 controller(控制器),当发现有节点 down 时,它负责在游泳分区的所有节点中选择新的 Leader,使 Kafka 可以批量、高效地管理所有分区节点的主从关系。如果 controller down,活着的节点中的一个会被切换为新的 controller。

4.5 客户端 API

4.5.1 Kafka producer API

procuder API 有两种:kafka.producer.SyncProducer 和 kafka.producer.async.AsyncProducer。它们都实现了同一个接口。

```
class Producer {
    /* 将消息发送到指定分区 */
    publicvoid send(kafka.javaapi.producer.ProducerData<K,V> producerData);
    /* 批量发送一批消息 */
    publicvoid send(java.util.List< kafka.javaapi.producer.ProducerData< K,V >> producerData);
    /* 关闭 producer */
    publicvoid close();
}
```

producer API 提供了以下功能。

(1) 可以将多个消息缓存到本地队列中,然后异步地批量发送到 broker,通过参数 producer.type=async 做到。缓存的大小可以通过一些参数指定:queue.time 和 batch.size。一个后台线程(kafka.producer.async.ProducerSendThread)从队列中取出数据,并让 kafka.producer.EventHandler 将消息发送到 broker,也可以通过参数 event.handler 定制 handler,在 producer 端处理数据的不同阶段注册处理器,如可以对这一过程进行日志追踪,或进行一些监控。只需实现 kafka.producer.async.CallbackHandler 接口,并在 callback.

handler 中配置。

（2）自己编写 Encoder 来序列化消息，只需实现下面这个接口。默认的 Encoder 是 kafka.serializer.DefaultEncoder。

```
interface Encoder<T> {
    public Message toMessage(T data);
}
```

（3）提供了基于 Zookeeper 的 broker 自动感知能力，可以通过参数 zk.connect 实现。如果不使用 Zookeeper，也可以使用 broker.list 参数指定一个静态的 brokers 列表。这样消息将被随机地发送到一个 broker 上，一旦选中的 broker 失败了，消息发送也就失败了。

（4）通过分区函数的 kafka.producer.Partitioner 类对消息分区。

```
interface Partitioner<T> {
    int partition(T key, int numPartitions);
}
```

（5）分区函数有两个参数：key 和可用的分区数量。从分区列表中选择一个分区，并返回 id。默认的分区策略是 hash(key)％numPartitions，如果 key 是 null，就随机地选择一个。可以通过参数 partitioner.class 定制分区函数。

4.5.2 Kafka consumer API

consumer API 有低级别和高级别两个级别。

低级别的和一个指定的 broker 保持连接，并在接收完消息后关闭连接。这个级别是无状态的，每次读取消息都带着 offset。

高级别的 API 隐藏了和 brokers 连接的细节，在不必关心服务端架构的情况下和服务端通信，还可以自己维护消费状态，并通过一些条件指定订阅特定的 Topic，如白名单、黑名单或者正则表达式。

1. 低级别的 API

```
class SimpleConsumer {
    /* 向一个 broker 发送读取请求并得到消息集 */
    public ByteBufferMessageSet fetch(FetchRequest request);
    /* 向一个 broker 发送读取请求并得到一个响应集 */
    public MultiFetchResponse multifetch(List<FetchRequest> fetches);
    /**
     * 得到指定时间之前的 offsets
     * 返回值是 offsets 列表，以倒序排序
     * @param time: 时间，毫秒
     * 如果指定为 OffsetRequest$.MODULE$.LATIEST_TIME(), 得到最新的 offset
     * 如果指定为 OffsetRequest$.MODULE$.EARLIEST_TIME(),得到最初的 offset
     */
    publiclong [] getOffsetsBefore (String topic, int partition, long time, int maxNumOffsets);
}
```

低级别的 API 是高级别 API 实现的基础，也是为了一些对维持消费状态有特殊需求的

场景,如 Hadoop consumer 这样的离线 consumer。

2. 高级别的 API

```
/* 创建连接 */
ConsumerConnector connector = Consumer.create(consumerConfig);
interface ConsumerConnector {
    /**
    * 这个方法可以得到一个流的列表,每个流都是 MessageAndMetadata 的迭代,通过
    * MessageAndMetadata 可以拿到消息和其他的元数据(目前之后 topic)
    * Input: a map of <topic, #streams>
    * Output: a map of <topic, list of message streams>
    */
    public Map<String,List<KafkaStream>> createMessageStreams(Map<String,Int>
topicCountMap);
    /**
    * 也可以得到一个流的列表,它包含符合 TopicFiler 的消息的迭代
    * 一个 TopicFilter 是一个封装了白名单或黑名单的正则表达式
    */
    public List<KafkaStream> createMessageStreamsByFilter(
TopicFilter topicFilter, int numStreams);
    /* 提交目前消费到的 offset */
    public commitOffsets()
    /* 关闭连接 */
    public shutdown()
}
```

这个 API 围绕由 KafkaStream 实现的迭代器展开,每个流代表一系列从一个或多个分区和多个 broker 上汇聚来的消息,每个流由一个线程处理,所以客户端可以在创建时通过参数指定想要几个流。一个流是多个分区、多个 broker 的合并,但是每个分区的消息只会流向一个流。

每调用一次 createMessageStreams 都会将 consumer 注册到 Topic 上,这样 consumer 和 brokers 之间的负载均衡就会得到调整。API 鼓励每次调用创建更多的 Topic 流以减少这种调整。createMessageStreamsByFilter 方法注册监听可以感知新的符合 filter 的 Topic。

4.6 消息和日志

消息由一个固定长度的头部和可变长度的字节数组组成。头部包含一个版本号和 CRC32 校验码。

```
/**
* 具有 N 字节的消息的格式如下
*
* 如果版本号是 0
*
* 1.1 字节的 magic 标记
*
* 2.4 字节的 CRC32 校验码
*
```

```
 * 3.N-5字节的具体信息
 *
 * 如果版本号是1
 *
 * 1.1字节的magic标记
 *
 * 2.1字节的参数允许标注一些附加的信息比如是否压缩了,解码类型等
 *
 * 3.4字节的CRC32校验码
 *
 * 4.N-6字节的具体信息
 *
 */
```

一个叫作 my_topic 的日志且有两个分区的 Topic,它的日志由两个文件夹组成:my_topic_0 和 my_topic_1。每个文件夹里放着具体的数据文件,每个数据文件都是一系列的日志实体,每个日志实体有一个4字节标注消息的长度整数 N,后边跟着 N 字节的消息。每个消息都可以由一个64位的整数 offset 标注,offset 标注了这条消息在发送到这个分区的消息流中的起始位置。每个日志文件的名称都是这个文件第一条日志的 offset,所以第一个日志文件的名字就是00000000000.kafka。相邻的两个文件名字的差别就是一个数字 S,S 的最大值就是配置文件中指定的日志文件的最大容量。

消息的格式由一个统一的接口维护,所以消息可以在 producer、broker 和 consumer 之间无缝地传递。存储在硬盘上的消息格式如下所示。

(1) 消息长度:4B(value=1+4+n);
(2) 版本号:1B;
(3) CRC 校验码:4B;
(4) 具体的消息:nB。

写操作消息被不断地追加到最后一个日志的末尾,当日志的大小达到一个指定的值时会产生一个新的文件,如图4-1所示。对于写操作有两个参数:一个规定了消息的数量,达到这个值时必须将数据刷新到硬盘上;另一个规定了刷新到硬盘的时间间隔,对数据的持久性作保证,在系统崩溃时只会丢失一定数量的消息或者一个时间段的消息。

读操作需要两个参数:64位的 offset 和最大读取量。最大读取量通常比单个消息的大小要大,但在一些个别消息比较大的情况下,最大读取量会小于单个消息的大小。这种情况下,读操作会不断重试,每次重试都会将读取量加倍,直到读取到一个完整的消息。可以配置单个消息的最大值,这样服务器会拒绝大小超过这个值的消息。也可以给客户端指定一个尝试读取的最大上限,避免为了读到一个完整的消息而无限次地重试。

在实际执行读取操纵时,首先需要定位数据所在的日志文件,然后根据 offset 计算出在这个日志中的 offset(前面的 offset 是整个分区的 offset),再从这个 offset 的位置进行读取。定位操作是由二分查找法完成的,Kafka 在内存中为每个文件维护了 offset 的范围。

下面是发送给 consumer 的结果的格式。

```
MessageSetSend (fetch result)
```

```
total length           : 4 bytes
error code             : 2 bytes
message 1              : x bytes
...
message n              : x bytes
MultiMessageSetSend (multiFetch result)

total length           : 4 bytes
error code             : 2 bytes
messageSetSend 1
...
messageSetSend n
```

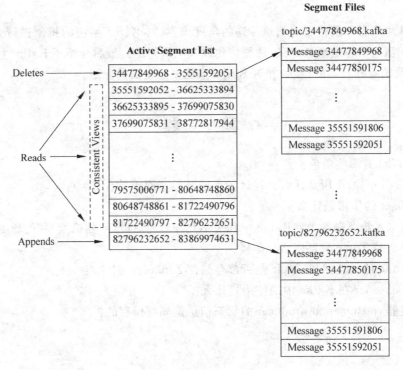

图 4-1　日志文件示意图

日志管理器允许定制删除策略。目前的策略是删除修改时间在 N 天之前的日志（按时间删除）；也可以使用另外一个策略：保留最后的 NGB 数据的策略（按大小删除）。为了避免在删除时阻塞读操作，采用了 copy-on-write 形式的实现，删除操作进行时，读取操作的二分查找功能实际是在一个静态的快照副本上进行的，这类似于 Java 的 CopyOnWriteArrayList。

日志文件有一个可配置的参数 M，缓存超过这个数量的消息将被强行刷新到硬盘。一个日志矫正线程将循环检查最新的日志文件中的消息，确认每个消息都是合法的。合法的标准为：所有文件的大小和最大的 offset 小于日志文件的大小，并且消息的 CRC32 校验码与存储在消息实体中的校验码一致。如果某个 offset 发现不合法的消息，从这个 offset 到下一个合法的 offset 之间的内容将被移除。

有两种情况必须考虑。

(1) 当发生崩溃时有些数据块未能写入。

(2) 写入了一些空白数据块。

第二种情况的原因是，对于每个文件，操作系统都有一个 inode(inode 是指在许多"类 UNIX 文件系统"中的一种数据结构。每个 inode 保存了文件系统中的一个文件系统对象，包括文件、目录、大小、设备文件、socket、管道等)，但无法保证更新 inode 和写入数据的顺序。当 inode 保存的大小信息被更新了，但写入数据时发生了崩溃，就产生了空白数据块。CRC 校验码可以检查这些块并移除，当然因为崩溃而未写。

本章小结

本章从生产者和消费者间信息传递的角度出发，对 Kafka 系统的机制进行介绍。主要包括 Kafka 消息的传送事务定义、性能优化以及主从同步。最后介绍了 Kafka 生产者、消费者 API 以及消息和日志的概念，并对 Kafka 系统做了全面的介绍。

习　题

(1) Kafka 有哪些角色？

(2) partition 的作用是什么？设计的目的及根本原因是什么？

(3) offset 的作用是什么？

(4) 消息系统有哪两类？Kafka 中几乎不允许对消息进行"随机读写"的原因是什么？

(5) 什么是 Topic 消息广播和单播？

(6) Kafka 的元数据和 Topic 是否都存储在 Zookeeper 中？

(7) Zookeeper 在 Kafka 中的作用是什么？

(8) 集群 consumer 和 producer 的状态信息是如何保存的？

第 5 章

Zookeeper 开发

5.1 Zookeeper 的来源

随着信息化水平的不断提高，企业级系统变得越来越庞大，性能急剧下降，客户抱怨频频。拆分系统是目前可选择的解决系统可伸缩性和性能问题的唯一行之有效的方法，但是拆分系统同时也带来了系统的复杂性——各子系统不是孤立存在的，它们彼此之间需要协作和交互，这就是常说的分布式系统。各个子系统就像动物园里的动物，为了使各个子系统能正常为用户提供统一的服务，必须用一种机制来进行协调，这就是 Zookeeper。

Zookeeper 是一个为分布式应用提供一致性服务的软件，它是开源的 Hadoop 项目中的一个子项目，并且是根据 Google 发表的 *The Chubby lock service for loosely-coupled distributed systems* 论文来实现的，其中比较重要的是一致性算法。

1. Zookeeper 分布式协调系统

Zookeeper 是为分布式应用程序提供高性能协调服务的工具集合，也是 Google 的一个 Chubby 开源实现，是 Hadoop 的分布式协调服务。它包含一个简单的原语集，分布式应用程序可以基于它实现配置维护、命名服务、分布式同步、组服务等。Zookeeper 可以用于保证在 ZK 集群之间的数据的事务一致性。其中，Zookeeper 提供通用的分布式锁服务，用协调分布式应用。

Zookeeper 作为 Hadoop 项目中的一个子项目，是 Hadoop 集群管理的一个必不可少的模块，它主要用于解决分布式应用中经常遇到的数据管理问题，如集群管理、统一命名服务、分布式配置管理、分布式消息队列、分布式锁、分布式协调等。同时，Zookeeper 也应用于 Storm 中，它负责 Storm 集群中的 nimbus 与 supervisor 的状态维护。

Zookeeper 提供了一套很好的分布式集群管理的机制，即这种基于层次型的目录树的数据结构，并对树中的节点进行有效管理，从而可以设计出多种多样的分布式的数据管理模型。

Zookeeper 是一种高性能、可扩展的服务。Zookeeper 的读写速度非常快，并且读的速度要比写的速度更快。另外，在进行读操作时，Zookeeper 依然能够为旧的数据提供服务。这些都是由 Zookeeper 所提供的一致性保证，它具有如下特点。

(1) 顺序一致性：客户端的更新顺序与它们被发送的顺序相一致。

(2) 原子性：更新操作要么成功，要么失败，没有第三种结果。

(3) 单系统镜像：无论客户端连接到哪一个服务器，客户端将看到相同的 Zookeeper

视图。

(4) 可靠性：一旦一个更新操作被应用，那么在客户端再次更新它之前，它的值将不会改变。这个保证将会产生下面两种结果。

① 如果客户端成功地获得了正确的返回代码，那么说明更新已经成功；如果不能够获得返回代码（由于通信错误、超时等），那么客户端将不知道更新操作是否生效。

② 当从故障恢复时，任何客户端能够看到的执行成功的更新操作将不会被回滚。

(5) 实时性：在特定的一段时间内，客户端看到的系统需要被保证是实时的（在十几秒时间里）。在此时间段内，任何系统的改变将被客户端看到，或者被客户端侦测到。

2. 分布式协作的难点

1) 缺乏全局时钟

在单机系统中，程序以这个单机本身的时钟为准，控制时序比较容易。在分布式系统中，每个节点都有自己的时钟，在通过相互发送信息进行协调时，如果仍然依赖时序，就会相对难处理。

很多时候使用时钟要区分两个动作的顺序，而不是一定要知道准确的时间，所以可以把这个工作交给一个单独的集群来完成，通过这个集群来区分多个动作的顺序。

在单机系统中，多线程和多进程中使用的锁，到了分布式环境中也需要有相应的办法来处理。

2) 面对故障独立性

对单机系统来说，如不使用多进程方式，基本上不会遇到独立的故障。如果是机器问题、OS 问题或者程序自身的问题，结果通常是程序整体不能用了，不会出现一些模块不可用，另一些模块可用的情况。

在分布式环境中，由于分布式系统由多个节点组成，全部坏掉的概率很小，但是会经常出现一部分节点/模块有问题，另一部分正常运行。这种现象叫作故障独立性，必须找到解决故障独立性的办法。

3) 处理单点故障

在整个分布式系统中，如果某个功能只有某台单机在支撑，那么这个节点称为单点，其发生的故障称为单点故障，也就是 SPoF(Single Points of Failure)。必须在分布式系统中尽量避免出现单点，尽量保证所有的功能都是由集群完成的。如果不能把单机实现为集群，那么应做好以下三点。

(1) 尽量保证功能都是由集群完成的。

(2) 给这个单点做好备份，尽量做到自动恢复，减少恢复需要的时间。

(3) 缩小单点故障的影响范围（例如，将原来的一个数据库拆为两个数据库，单个问题就不会影响全部）。

在分布式计算领域有一个非常著名的 FLP(Fischer, Lynch, Patterson) 定律：假设有一个分布式的配置信息发生了改变，这个配置信息仅仅只有一个比特，一旦所有运行中的进程对配置位的值达成一致，应用中的进程就可以启动。这个定律证明了在异步通信的分布式系统中，进程崩溃，所有进程可能无法在这个比特位的配置达成一致。此外，还有类似的 CAP(Consistency, Availability, Partition-tolerance) 定律：当设计一个分布式系统时，往往希望这三种属性全部满足，但没有系统可以同时满足三种属性。

因此，Zookeeper 的设计应尽可能满足一致性和可用性。当然，在发生网络分区时 Zookeeper 只提供了只读能力。

5.2 Zookeeper 基础

5.2.1 基本概念

很多用于协作的原语常常在应用之间共享，例如分布式锁机制组成了一个重要的原语，同时暴露出 create、acquire 和 release 三个 API。然而，这种设计存在重大缺陷，这种方式实现原语的服务使应用丧失了灵活性。

因此，Zookeeper 并不直接暴露原语，取而代之，它暴露了由一小部分调用方法组成的类似文件系统的 API，以便允许应用实现自己的原语。通常使用菜谱（recipes）来表示这些原语的实现。菜谱包括 Zookeeper 操作和维护一个小型的数据节点，这些节点被称为 znode。Zookeeper 数据模型采用类似于文件系统的层级树状结构进行管理，其结构如图 5-1 所示。

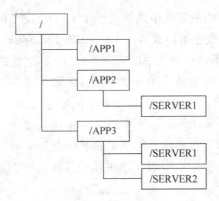

图 5-1 层级树状结构

在 Zookeeper 中的每个节点（znode）有一个唯一的路径标识，如/SERVER2 节点的标识就为/APP3/SERVER2。

1. znode 类型

新建 znode 时，需要指定该节点的类型，不同类型决定了 znode 节点的行为方式。其类型分为持久（persistent）节点和临时（ephemeral）节点。

持久的 znode 只能通过调用 delete 来进行删除。临时的 znode 与之相反，当创建该节点的客户端崩溃或关闭与 Zookeeper 的连接时，整个节点就会被删除。通过-e 参数创建临时节点。Zookeeper 的客户端和服务器通信采用长连接方式，每个客户端和服务器通过心跳来保持连接，这个连接状态称为 session。如果 znode 是临时节点，这个 session 失效，znode 也就删除了。

znode 除了有持久节点和临时节点外，还有一种有序（sequential）节点状态。当创建 znode 时，用户可以请求在 Zookeeper 的路径结尾添加一个递增的计数。这个计数对此节点的父节点来说是唯一的，它的格式为"%10d"（10 位数字，没有数值的数位用 0 补充，例如

0000000001）。当计数值大于 $2^{32}-1$ 时，计数器将溢出。

2. 通知机制

Zookeeper 通常以远程服务的方式被访问。如果每次访问 znode 时，客户端都需要获得节点中的内容，这样代价太大了。

为了替换客户端的轮询，Zookeeper 选择了基于通知的机制：客户端向 Zookeeper 注册需要接收通知的 znode，通过对 znode 设置监视点（watch）来接收通知。监视点是一个单词触发的操作，即监视点会触发一个通知。为了接收多个通知，客户端必须在每次通知后设置一个新的监视点。

通知机制阻止了客户端所观察的更新顺序，虽然使 Zookeeper 的状态变化传递给客户端较慢，但是保障了客户端以全局的顺序来观察 Zookeeper 的状态，对于 Zookeeper 有着极为重要的意义。

znode 中还有一个极为重要的版本号属性。对节点的每一个操作，都会使这个节点的版本号增加。每个节点维护着三个版本号，分别是 Version（节点数据版本号）、Cversion（子节点版本号）和 Aversion（节点所拥有的 ACL 版本号）。

3. Leader 选举

Zookeeper 需要在所有的服务器中选举出一个 Leader，然后让这个 Leader 来负责管理集群。此时，集群中的其他服务器则成为此 Leader 的 Follower。当 Leader 有故障时，需要 Zookeeper 能够快速地在 Follower 中选举出下一个 Leader。这就是 Zookeeper 的 Leader 机制。

在 Zookeeper 中，为了避免从众效应的发生，采取此种方法：每一个 Follower 都对 Follower 集群中对应的比自己节点序号小一号的节点（也就是所有序号比自己小的节点中序号最大的节点）设置一个 watch。只有当 Follower 所设置的 watch 被触发时，它才进行 Leader 选举操作，一般情况下它将成为集群中的下一个 Leader。很明显，此 Leader 选举操作的速度是很快的。因为，每一次 Leader 选举几乎只涉及单个 Follower 的操作。

5.2.2 Zookeeper 架构

Zookeeper 服务器端运行于两种模式：独立模式（standalone）和仲裁模式（quorum）。独立模式与其术语所描述的类仅有一个单独的服务器，Zookeeper 状态无法复制。在仲裁模式下，则有一组的 Zookeeper 服务器，称为 Zookeeper 集合，它们可以进行状态复制，并且同时响应，都服务于客户端的请求，如图 5-2 所示。

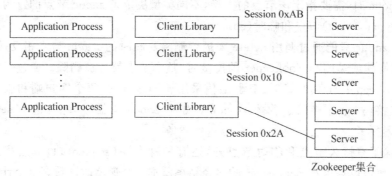

图 5-2　Zookeeper 架构总览

Zookeeper 本质上是一个分布式的小文件存储系统。原本是 Apache Hadoop 的一个组件，现在被拆分为一个 Hadoop 的独立子项目，在 HBase(Hadoop 的另外一个被拆分出来的子项目，用于分布式环境下的超大数据量的 DBMS)中也用到了 Zookeeper 集群。

Hadoop 使用 Zookeeper 的事件处理确保整个集群只有一个 NameNode 存储配置信息等。

HBase 使用 Zookeeper 的事件处理确保整个集群只有一个 HMaster，察觉 HRegionServer 联机和宕机，存储访问控制列表等。

Zookeeper 的执行能力更是毋庸置疑。雅虎将 Zookeeper 用在雅虎消息代理的协调和故障恢复服务中。雅虎消息代理是一个高度可扩展的发布—订阅系统，管理着成千上万台联机程序和信息控制系统，其吞吐量标准已经达到大约每秒 10000 个基于写操作的工作量。而对读操作的工作量来说，其吞吐量标准要高几倍。

5.3 Zookeeper 的 API

Zookeeper 的 API 围绕 Zookeeper 的句柄而构建，每个 API 调用都需要传递这个句柄。这个句柄代表与 Zookeeper 之间的一个会话。

5.3.1 建立会话

每一个会话一旦它的连接被破坏，将会转移到其他的 Zookeeper 服务。只要会话保持通畅，句柄才会持续有效，Zookeeper 客户端类库会保持连接。如果句柄关闭了，那么 Zookeeper 客户端的类库会告诉 Zookeeper 服务端终止会话；如果 Zookeeper 了解到客户端已经死掉，它将会验证会话；如果以后客户端想再次恢复这个会话，将会通过这个句柄来验证一个会话的有效性。

创建 Zookeeper 的构造函数如下。

Zookeeper(String connectString,int sessionTimeout,Watcher watcher)

其中的参数描述如表 5-1 所示。

表 5-1 参数描述

参数	描述
connectString	包含 Zookeeper 服务端的主机名和端口号
sessionTimeout	会话的超时时间，以毫秒为单位
watcher	用于接收会话事件的对象。这个对象需要使用者自己创建，而且因为 watch 是一个接口，需要使用者实现该接口。客户端需要用监视器观察 Zookeeper 的会话状态。当客户端建立连接或者失去连接时，就会创建该事件，该事件也能够监视 Zookeeper 数据的改变。最后如果会话过期，该事件也可以通过客户端监听到

下例实现了一个简单输出事件的 watcher。

```java
import java.io.IOException;
import org.apache.zookeeper.WatchedEvent;
import org.apache.zookeeper.Watcher;
import org.apache.zookeeper.ZooKeeper;

//ClassName: master
//实现一个 maste 的 watcher
public class master implements Watcher {
    ZooKeeper zk;
    String hostPort;
    master(String hostPort) {
        this.hostPort = hostPort;①
    }
    void startZk() throws IOException {
        zk = new ZooKeeper(hostPort, 15000, this);②
    }
    public void process(WatchedEvent event) {
        System.out.println(event);③
    }
    void stopZk() throws Exception {
        zk.close();
    }
    public static void main(String[] args) throws Exception {
        master m = new master("main1:2181");
        m.startZk();
        Thread.sleep(60000);④
        m.stopZk();
    }
}
```

其中，①处：该实例因未实例化 Zookeeper 对象，保存 hostPort 留待后用；②处：使用 master 对象构造 Zookeeper 对象；③处：此处为操作部分，该实例将收到的事件进行简单输出；④处：在程序退出前休眠一段时间，以便看到事件发生。

结果如图 5-3 所示。

其中，①处：描述了 Zookeeper 客户端的实现和环境；②处：初始化一个客户端到 Zookeeper 服务器的连接；③处：展示连接建立后，此连接中包括主机、端口和超时时间在内的信息；④处：程序中实现的 Watcher.process(WatchedEvent e) 函数输出的 WatchEvent 对象。

5.3.2 管理权

在建立会话后，程序需要获取管理权来进行下一步操作。为了确保同一时间只有一个主节点进程处于活动状态，就得采用 Zookeeper 集群首选举算法，即所有潜在的主节点进程都尝试创建 /master 节点，但只允许一个成功，使这个成功的进程成为主节点。

```
$ java -cp $CLASSPATH master main1:2181
:26,216 [myid:] - INFO  [main:Environment@100] - Client environment:zookeeper.version=3.4.6-1569965, built on 02/20/2014 09:09 GMT
:26,224 [myid:] - INFO  [main:Environment@100] - Client environment:host.name=main1
:26,224 [myid:] - INFO  [main:Environment@100] - Client environment:java.version=1.7.0_79
:26,224 [myid:] - INFO  [main:Environment@100] - Client environment:java.vendor=Oracle Corporation
:26,228 [myid:] - INFO  [main:Environment@100] - Client environment:java.home=/usr/lib/java/jdk1.7.0_79/jre
:26,228 [myid:] - INFO  [main:Environment@100] - Client environment:java.class.path=/home/tseg/zookeeper-3.4.6/bin/../build/classes:/home/tseg/zookeeper-3.4.6/lib/*.jar:/home/tseg/zookeeper-3.4.6/bin/../lib/zookeeper-3.4.6.jar:/home/tseg/zookeeper-3.4.6/bin/../lib/slf4j-log4j12-1.6.1.jar:/home/tseg/zookeeper-3.4.6/lib/netty-3.7.0.Final.jar:/home/tseg/zookeeper-3.4.6/bin/../lib/log4j-1.2.16.jar:/home/tseg/zookeeper-3.4.6/lib/jline-0.9.94.jar:/home/tseg/zookeeper-3.4.6/bin/../zookeeper-3.4.6.jar:/home/tseg/zookeeper-3.4.6/bin/../src/java/lib/*.jar:/home/tseg/zookeeper-3.4.6/lib/java/jdk1.7.0_79/lib/dt.jar:/usr/lib/java-1.7.0/java/jdk1.7.0_79/lib/tools.jar:/home/tseg/zookeeper-3.4.6/lib:/home/tseg/zookeeper-3.4.6/slf4j-1.7.21
:26,229 [myid:] - INFO  [main:Environment@100] - Client environment:java.library.path=/usr/java/packages/lib/amd64:/usr/lib64:/lib64:/lib:/usr/lib
:26,229 [myid:] - INFO  [main:Environment@100] - Client environment:java.io.tmpdir=/tmp
:26,229 [myid:] - INFO  [main:Environment@100] - Client environment:java.compiler=<NA>
:26,230 [myid:] - INFO  [main:Environment@100] - Client environment:os.name=Linux
:26,230 [myid:] - INFO  [main:Environment@100] - Client environment:os.arch=amd64
:26,230 [myid:] - INFO  [main:Environment@100] - Client environment:os.version=2.6.32-431.el6.x86_64
:26,230 [myid:] - INFO  [main:Environment@100] - Client environment:user.name=tseg
:26,230 [myid:] - INFO  [main:Environment@100] - Client environment:user.home=/home/tseg                              ①
:26,231 [myid:] - INFO  [main:Environment@100] - Client environment:user.dir=/home/tseg/wzx
:26,232 [myid:] - INFO  [main:ZooKeeper@438] - Initiating client connection, connectString=main1:2181 sessionTimeout=15000 watcher=master@41639ff  ②
:26,284 [myid:] - INFO  [main-SendThread(main1:2181):ClientCnxn$SendThread@975] - Opening socket connection to server main1/10.105.242.56:2181. Will not a
nticate using SASL (unknown error)
:26,293 [myid:] - INFO  [main-SendThread(main1:2181):ClientCnxn$SendThread@852] - Socket connection established to main1/10.105.242.56:2181, initiating se
:26,321 [myid:] - INFO  [main-SendThread(main1:2181):ClientCnxn$SendThread@1235] - Session establishment complete on server main1/10.105.242.56:2181, ss  ③
8524270002, negotiated timeout = 15000
teSyncConnected type=None path=null                  ④
```

图 5-3　代码执行情况

为了实现这个算法，首先在程序中添加以下代码。

```
String serverId = Integer.toHexString(random.nextInt());
void runForMaster(){
    zk.create("/master",
    serverId.getBytes(),
    OPEN_ACL_UNSAFE,
    CreateMode.EPHEMERAL,
    masterCreateCallback,
    null);
}
```

其中的参数描述如表 5-2 所示。

表 5-2　参数描述

参　数	描　述
/master	创建的节点名。若节点已经存在，则报错
ServerId.getBytes()	数据字段，只存储字节数组类型的数据
OPEN_ACL_UNSAFE	表示 ACL 策略类型为开放 ACL 策略
CreateMode.EPHEMERAL	节点类型为临时节点
masterCreateCallback	回调方法的对象
null	用户指定的上下文信息。若无，则为 null

因为应用程序常常由异步变化通知所驱动，异步调用不会阻塞应用程序，其他事务可以继续执行。以异步方式构建系统更加便捷，故本节采用异步方式来构建，实现方法如下。

```
String serverId = Integer.toString(Random.nextLong());
static boolean isLeader;
static StringCallback msterCreateCallback = new StringCallback(){
    void processResult(int rc,String path,object ctx,String name){
```

```java
            //rc参数中包含create请求的结果,若不为0则为KeeperException异常
        switch(Code.get(rc)){
            case CONNECTIONLOSS:            //连接丢失异常
                checkMaster();
                return;
            case OK:                         //该进程成为Leader
                isLeader = true;
                break;
            //该进程未成为Leader
            default:
                isLeader = false;
        }
        System.out.println("The leader is " + (isLeader ? "" : "not " + "me."));
}
void runForMaster(){
    zk.create("/master",serverId.getBytes(),OPEN_ACL_UNSAFE,
CreateMode.EPHEMERAL,masterCreateCallback,null);
}

DataCallback masterCheckCallback = new DataCallback(){
    void processResult(int rc,String path,Object ctx,byte[] data,
Stat stat){
        switch(Code.get(rc)){
            case CONNECTIONLOSS:
                checkMaster();
                return;
            case NONODE:
                runForMaster();
                return;
        }
    }
}

boolean checkMaster(){
    zk.getData("/master",false,masterCheckCallback,null);
    //getData 读取 znode 节点的元数据信息
    //"/master": znode 节点路径
    //false: 是否监听后续数据变更,false 为否
    //masterCheckCallback: 回调方法对象
    //null: stat 对象,null 表示无 stat 对象
}

public static void main(String args[]) throws Exception{
    master m = new master(args[0]);
    m.startZK();
    m.runForMaster();
    if(isLeader){
        System.out.println("Leader is me.");
        Thread.sleep(60000);
    }else{
        System.out.println("Leader already exists.")
```

```
        }
        m.stopZK();
    }
}
```

5.3.3 节点注册

创建主节点后,需要配置从节点,以配合主节点使用。下例实现了从节点在/workers下创建临时 znode 节点。

```
import java.util.* ;
import org.apache.zookeeper.* ;
import org.slf4j.* ;

public class worker implements Watcher{
  private static final Logger LOG = LoggerFactory.getLogger(worker.class);
    ZooKeeper zk;
    String hostPort;
    String serverId = Integer.toHexString(random.nextInt());
    worker(String hostPort) {
        this.hostPort = hostPort;
    }

    void startZk() throws IOException {
        zk = new ZooKeeper(hostPort, 15000, this);
    }

    public void process(WatchedEvent event) {
        LOG.info(event.toString + "," + hostPort);
    }

    void register() {
        zk.create("/workers/worker-" + serverID,
            "Idle".getBytes(),//将节点状态信息存入从节点中
            Ids.OPEN_ACL_UNSAFE,
            CreateMode.EPHEMERAL,workerCreateCallback,null);
    }

    public static void main(String[] args) throws Exception {
        worker wk = new worker("args[0]");
        wk.startZk();
        wk.register();
        Thread.sleep(60000);
    }

    StringCallback workerCreateCallback = new StringCallback(){
        void processResult(int rc,String path,Object ctx,byte[] data,
Stat stat){
            switch(Code.get(rc)){
                case CONNECTIONLOSS:
```

```
                    //若出现连接丢失导致的创建失败,重新进行创建过程
                        register();
                        break;
                    case NODEEXISTS:
                        LOG.warn(serverId + " already registered.");
                        break;
                    case OK:
                        LOG.info(serverId + "registered successfully.");
                        break;
                    default:
                        LOG.error("WRONG: " +
                                keeperException.create(Code.get(rc),path));
            }
        }
    }
}
```

程序执行情况如图 5-4 所示。

图 5-4　代码执行情况

结果如图 5-5 所示,前一行是执行程序之前,后一行是执行程序之后。

图 5-5　代码执行结果

5.3.4　任务队列化

完成上述功能后,还有极为重要的一个任务:为 Client 应用程序队列化新任务,方便节点执行这些任务。下例采用有序节点来实现任务的队列化。

```
import java.io.IOException;
import org.apache.zookeeper.* ;
public class Client implements Watcher{
```

```java
    Zookeeper zk;
    String hostPort;
    Client(String hostPort) {
        this.hostPort = hostPort;
    }
    void startZk() throws IOException {
        zk = new ZooKeeper(hostPort, 15000, this);
    }
    public void process(WatchedEvent event) {
        System.out.println(event);
    }
    String queueCommand(String command) throws KeeperException{
        while(true){
            try{
                String name = zk.create("/tasks/task-"serverId,
command.getBytes(),OPEN_ACL_UNSAFE,CreateMode.SEQUENTIAL);
                return name;
                break;
            } catch (NodeExistsException e){
                throw new Exception(name + " already appears to be running.");
            } catch (ConnectionLossException e){
            }
        }
    }
    public static void main(String args[]) throws Exception{
        Client ct = new Client(args[0]);
        ct.startZK();
        String name = c.queueCommand(args[1]);
        System.out.println("Created "+ name);
    }
}
```

一个管理客户端可以更快、更简单地管理系统,查看状态。下例通过 getData 等方法简单地实现对系统运行状态的查看。

```java
import java.io.IOException;
import org.apache.zookeeper.* ;
public class AdminClient implements Watcher{
    ZooKeeper zk;
    String hostPort;
    AdminClient(String hostPort) {
        this.hostPort = hostPort;
    }
    void startZk() throws IOException {
        zk = new ZooKeeper(hostPort, 15000, this);
    }
    public void process(WatchedEvent event) { System.out.println(e); }
    void listState() throws KeeperException{
```

```java
        try{
            Stat stat = new Stat();
            byte masterData[] = zk.getData("/master",false,stat);
            Date startDate = new Date(stat.getCtime());
            System.out.println("Master "+ new String(masterData)+
    " since "+ startDate);
        } catch (NoNodeException e){
            System.out.println("No Master");
        }
        System.out.println("Workers:");
        for(String w: zk.getChildren("workers",false)){
            byte Data[] = zk.getData("/workers/" + w,false,null);
            String state = new String(data);
            System.out.println("\t "+ w+ ": "+ state);
        }
        System.out.println("Tasks:");
        for(String t: zk.getChildren("/assign",false)){
            System.out.println("\t "+ t);
        }
    }
    public static void main(String args[]) throws Exception{
        AdminClient ac = new AdminClient(args[0]);
        ac.startZK();
        ac.listState();
    }
    public static void main(String args[]) throws Exception{
        Client ct = new Client(args[0]);
        ct.startZK();
        String name = c.queueCommand(args[1]);
        System.out.println("Created "+ name);
    }
}
```

执行结果如图 5-6 所示。

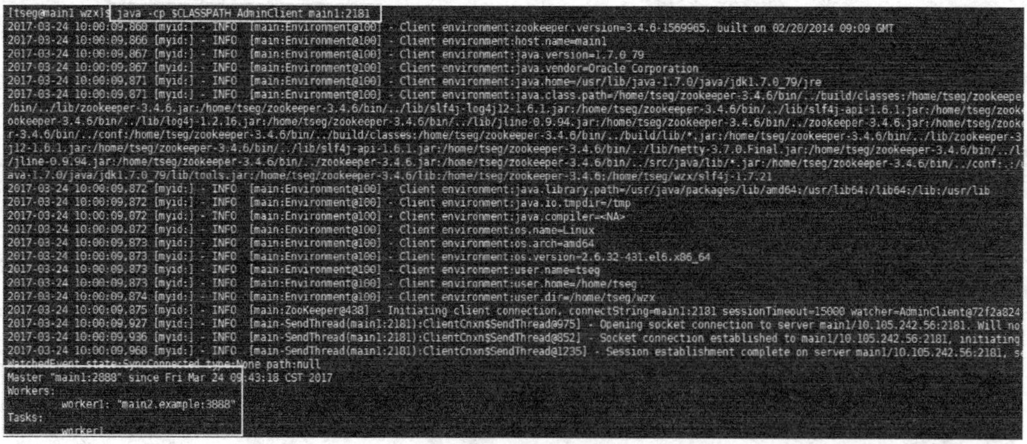

图 5-6 代码执行情况

前者为执行命令前的服务器状态信息;后者为执行命令后显示的服务器状态信息,包含有主节点(Master)信息、从节点(Workers)和任务队列(Tasks)。

5.4 状态变化处理

在应用程序中,需要知道 Zookeeper 集合的状态,这种情况并不少见。Zookeeper 采取通知客户端感兴趣的具体事件的方式来避免轮询的调优和轮询流量。此外,Zookeeper 提供了处理变化的重要机制——监视点(watch)。通过监视点,客户端可以对指定的 znode 节点注册一个通知请求,在发生变化时就会收到一个单次的通知。

1. 单次触发器

一个监视点(watch)表示一个与之关联的 znode 节点和事件类型组成的单次触发器。当一个 watch 被一个事件触发时,就会产生一个通知,即注册了监视点的客户端收到的事件报告消息。

当应用程序注册了一个监视点来接收通知后,匹配该监视点条件的第一个事件会触发监视点的通知,并且最多只触发一次。

客户端设置的每个监视点与会话关联,如果会话过期,等待中的监视点就会被删除。在注册监视点时,服务端要检查已监视的 znode 节点在注册前、后监视点是否发生了变化,若已经发生变化,将会通知客户端,否则在新服务端上注册监视点。

单次触发会发生事件丢失情况,但这并不会对系统造成极大影响。因为任何接收通知与注册新监视点之间的变化情况,均可以通过读取 Zookeeper 的状态信息来获得。

2. 设置监视点

Zookeeper 的 API 中的所有读操作:getData、getChildren 和 exists 都可以选择在读取的 znode 节点上设置监视点。使用监视点机制的前提是实现 Watcher 接口类,并实现其中的 process 方法。

public void process(WatchedEvent event);

其中,WatchedEvent 包含 Zookeeper 会话状态、事件类型,以及事件类型不为 none 时的 znode 路径等信息。

监视点有两种类型:数据监视点和子节点监视点。创建、删除或设置 znode 节点的数据都会触发数据监视点,即 getData 和 exists 操作可以设置数据的监视点。但仅有 getChildren 操作能设置子节点监视点,且只有在 znode 子节点创建或删除时才被触发。

监视点的一个极其重要问题是,一旦设置监视点就无法移除。若要移除一个监视点,目前 Zookeeper 仅提供了两种方法。

(1) 触发该监视点;

(2) 使其会话关闭或过期。

3. 监视点代替显式缓存管理

从应用的角度来看,客户端都是通过访问 Zookeeper 来获取给定 znode 节点的数据、一个 znode 节点的子节点列表或其他相关的 Zookeeper 状态。但是这种方式并不实用,更为高效的方式为客户端本地缓存数据,并在需要时使用这些数据。一旦这些数据发生变化,

Zookeeper 通知客户端,客户端更新缓存的数据。

Zookeeper 客户端通过注册监视点来接收通知信息,因而监视点使客户端在本地缓存一个版本的数据,并在数据发生变化时接收到通知来进行更新。

4. 监视点的羊群效应和可扩展性

应用中有一个问题需注意:当变化产生时,Zookeeper 会触发一个特定的 znode 节点,以变化相关的所有监视点。例如,10000 个客户端以 exists 操作监视这个 znode 节点,那么当 znode 节点创建后就会发送 10000 个通知,即被监视的 znode 节点的一个变化会产生一个尖峰的通知,该尖峰可能会带来许多影响——在尖峰时刻提交的操作产生延迟等。因此,应该尽量避免大量客户端在一个特定节点上设置监视点,理想状态是一个节点只设置一个监视点。

另一方面需要注意,服务端一侧通过监视点产生的状态变化。设置一个监视点需要在服务端上创建一个 watch 对象,而根据 YouKit 的分析工具得到的分析结果显示,设置一个监视点会使服务端的监视点管理器的内存消耗大约 250~300 字节,设置非常多的监视点意味着监视点管理器会消耗大量的服务器内存。因此,开发者必须时刻注意设置的监视点数量。

5.5 故障处理

Zookeeper 系统处理客户端写请求的一个流程如图 5-7 所示。

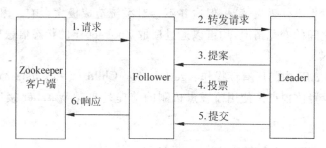

图 5-7 Zookeeper 处理客户端请求流程

流程中任何一环发生错误,都可能导致 Zookeeper 系统出现故障。Zookeeper 产生的故障可分为三类:客户端节点故障、Follower 服务器节点故障和 Leader 服务器节点故障。

1. 客户端节点故障

若 Zookeeper 客户端节点发生故障,客户端正处于空闲状态,则按照 session 失效处理。复杂的情况是,客户端节点发生故障时,客户端正在等待 Zookeeper 服务器端的请求响应。下面将对 Zookeeper 客户端节点发生故障的时机进行详细的分类讨论。

Zookeeper 如何知道客户端还存不存在呢?Zookeeper 是使用 session 来解决这个问题的,这也是为什么在客户端创建 Zookeeper 实例时需要传入一个 sessionout 参数。当客户端与 Follower 连接时,实际上是成功创建了一个 session,Follower 和 Leader 都保存了这个 session 信息(实际上 session 的建立也是需要 Leader 同意的)。一方面,客户端会定期向 Follower 发送 Ping 包来告诉这个 Follower 客户端还在运行;另一方面,Leader 会定期向 Follower 发送 ping 包,一是检测它的 Follower 是否至少有超过一半还在运行,二是

Follower 返回它们各自正在服务的客户端(未超时的 session)来告诉 Leader 哪些客户端还在运行,这样 Leader 就可以删除那些客户端已经不存在的 ephemeral 类型的节点。当正在工作的客户端节点发生故障时,Zookeeper 系统如何来处理呢?

(1) Follower 在转发请求阶段若没有发现客户端已经发生了故障,则会将请求转发给 Leader,否则将丢弃该客户端的请求包。

(2) Leader 在提案阶段还没有发现客户端已经发生了故障,那么后面的投票和提交阶段会顺利执行。

(3) 到响应阶段,若此时 Follower 已经发现了该客户端发生故障,则它不会向客户端发送响应包,而直接从 FinalRequestProcessor 处理器中返回;若此时 Follower 还没有发现该客户端发生故障,则 FinalRequestProcessor 会将响应包交给对应的 NIOServerCnxn,而 NIOServerCnxn 在发送该响应包时,会抛出异常,但没有对该异常做任何处理。

(4) Leader 在提案阶段发现了客户端已经发生了故障,那么后面的投票和提交阶段仍然会顺利执行,只不过此时的操作类型是 OpCode.error,然后直接从 FinalRequestProcessor 处理器中返回,而不会发生响应阶段。

2. Follower 服务器节点故障

这里主要对 Zookeeper 中的 Follower 节点发生故障时的处理机制进行详细的讨论。当某一个 Follower 或 Observer 发生故障时,与之直接相连的 Zookeeper 客户端不可能再从 Follower 或 Observer 收到正在处理的请求的响应包。因此,它会丢弃正在处理的请求,并通知客户,而 Zookeeper 客户端则会重新选择一个 Follower 或 Observer,并与之建立联系为客户端服务,这个过程对用户是透明的。

(1) 若 Follower 在处理转发阶段之前发生故障,则处理情况如上所述,只涉及 Zookeeper 客户端。

(2) 若 Follower 在处理转发阶段之后发生故障,则 Leader 最迟会在执行提案阶段发现 Follower 发生了故障。尽管 Follower 收不到 Leader 发送的提案,Leader 也不会收到 Follower 的投票,但只要当前还有超过半数的 Follower 存活,就不会影响 Leader 的处理。

(3) 如果某一个 Follower 失效,则 Leader 不能得到该 Follower 管理的 session 信息,之后 Leader 可能会误认为与该 Follower 相连的若干 Zookeeper 客户端失效。这种情况的处理同 Zookeeper 客户端发生故障是一样的。

从上述处理可以看出,单个 Follower 节点的失效对整个 Zookeeper 服务集群很难产生致命的影响,单个 Follower 在任何时刻的失效,系统仍然会比较稳定地继续运行。

3. Leader 服务器节点发生故障

前面分别讨论了在 Zookeeper 客户端节点、Follower 节点发生故障的情况下,Zookeeper 是如何处理的。最后,再讨论一下 Leader 节点发生故障的情况下,Zookeeper 的处理机制。

(1) 若 Leader 节点在非响应阶段之前发生了故障,则 Follower 的转发阶段不会执行成功,但该请求包会被添加到 Follower 的 pendingSyncs 集合中。同时,Follower 发现 Leader 已经失效,退出 Follower 角色,并关闭与之相连的客户端。随后,Follower 会参加 Leader 的选举,而在选举的过程中,该节点不会再接受任何客户端的连接。

（2）若 Leader 节点在响应阶段之前发生了故障,则采取方法（1）的方式处理 Follower 节点,在处理的同时也会继续执行响应阶段的操作。

5.6 Zookeeper 集群管理

5.6.1 集群配置

首先在各机器上安装 Zookeeper,从官网下载所需版本的 Zookeeper 安装包。

接着在所要使用的机器上部署 Server,机器至少要三台及以上。

这里要在三台机器上部署 4 个 Server,分别在三台机器上建立文件夹。

```
server1(server2、server3、server4)
```

在每个文件夹里面解压一个 Zookeeper 的安装包,并且创建 data、logs 等日志数据文件夹 Data、dataLog、logs 和 zookeeper-3.x.x。

进入 data 目录,创建一个 myid 的文件,往里面写入一个代表本机标记号的数字。例如,server1 可以对应写入 1,server2 对应 myid 文件写入 2,server3 对应 myid 文件写入 3,只需要各机的 myid 中标记号不重复即可。

进入 zookeeper-3.x.x/conf 目录,其中会有 3 个文件:configuration.xml、log4j.properties 和 zoo_sample.cfg。接着在这个目录下创建一个 zoo.cfg 的配置文件,也可以把 zoo_sample.cfg 文件改成 zoo.cfg,配置的内容如下。

```
tickTime= 2000
initLimit= 10
syncLimit= 5
# xxx 代表此机器的用户名
dataDir= /home/xxx/server1/data
dataLogDir= /home/xxx/server1/dataLog
clientPort= 2181
# yyyy 代表集群中对应的各机器的 ip, server.x 代表该机器的 myid
server.1= yyyy:2888:3888
server.2= yyyy:2888:3888
server.3= yyyy:2888:3888
server.4= yyyy:2888:3888
```

需要注意的是,server.X 这个数字就是对应 data/myid 中的数字。在 4 个 Server 的 myid 文件中分别写入了 1、2、3、4,那么每个 Server 中的 zoo.cfg 都配 server.1、server.2、server.3 和 server.4 就可以了。后面连着两个端口,其中第一个端口用于做集群成员的信息交换,第二个端口是在 Leader 发生故障时专门用于选举 Leader 所用。

进入 zookeeper-3.x.x/bin 目录,以 ./zkServer.sh start 启动 Server。只要 4 台机器中的 3 台可用,就可以选出 Leader,并对外提供服务,如图 5-8 所示。

可以采用命令：telnet 机器 IP 端口号来连接 Server。再输入 stat,可获取当前 Server 的状态信息,如图 5-9 所示。

```
[tseg@main1 zookeeper-3.4.6]$ zkServer.sh start
JMX enabled by default
Using config: /home/tseg/zookeeper-3.4.6/bin/../conf/zoo.cfg
Starting zookeeper ... STARTED
```

图 5-8 启动 Server

```
[tseg@main1 zookeeper-3.4.6]$ telnet main1 2181
Trying 10.105.242.56...
Connected to main1.
Escape character is '^]'.
stat
Zookeeper version: 3.4.6-1569965, built on 02/20/2014 09:09 GMT
Clients:
 /10.105.242.56:59627[0](queued=0,recved=1,sent=0)

Latency min/avg/max: 0/0/0
Received: 1
Sent: 0
Connections: 1
Outstanding: 0
Zxid: 0x800000ee6
Mode: follower
Node count: 120
```

图 5-9 获取 Server 运行状态

5.6.2 集群管理

应用集群时,每一台机器都需要知道集群中(或依赖的其他某个集群)哪些机器是活着的,并且在集群中机器出现宕机、网络断链等故障时能够不在人工介入的情况下迅速通知每一台机器。

Zookeeper 同样很容易实现这个功能,例如在 Zookeeper 服务器端有一个 znode 叫/APP1SERVERS,那么集群中每一个机器启动时都去这个节点下创建一个 EPHEMERAL 类型的节点。例如,server1 创建/APP1SERVERS/SERVER1(可以使用 IP,保证不重复),server2 创建/APP1SERVERS/SERVER2,然后 SERVER1 和 SERVER2 都 watch(监视)/APP1SERVERS 这个父节点,也就是说这个父节点下数据或者子节点变化都会通知对该节点进行 watch 的客户端。因为 EPHEMERAL 类型节点有一个很重要的特性,就是客户端和服务器端连接中断或者 session 过期都会使节点消失,那么在某一台机器发生故障或者断开连接时,其对应的节点就会消失,然后集群中所有对/APP1SERVERS 进行 watch 的客户端都会收到通知,最后取得最新列表。

另外有一个应用场景是集群选 Master。一旦 Master 发生故障就能够马上从 slave 中选出一个 Master,实现步骤和前者一样,只是机器在启动时在 APP1SERVERS 创建的节点类型变为 EPHEMERAL_SEQUENTIAL 类型,这样每个节点都会自动被编号。

默认规定编号最小的为 Master,当对/APP1SERVERS 节点做监控时,得到服务器列表,只要所有集群机器逻辑认为最小编号节点为 Master,那么 Master 就被选出,而这个 Master 宕机时,相应的 znode 会消失,接着新的服务器列表被推送到客户端,然后每个节点逻辑认为最小编号节点为 Master,如此操作就实现了动态 Master 选举。

本章小结

本章讲解了 Zookeeper 相关的基础知识和开发知识,让读者了解 Zookeeper 的来源、性质及基本概念、Zookeeper 开发的应用方法及实现方式、Zookeeper 集群的配置及管理方法。

(1) 详细介绍了 Zookeeper 及其来源,说明了 Zookeeper 与其他项目的关联及 Zookeeper 的重要作用,并且介绍了其特点。

(2) 介绍了分布式协作所存在的三大难点,以及 FLP 定律和 CAP 定律,也讲述了 Zookeeper 所解决的困难及实现的取舍。

(3) 从 Zookeeper 的 znode 类型、通知机制、Leader 选择方法等方面介绍 Zookeeper 的基本概念。

(4) 讲述了 Zookeeper 的两种运行模式、架构及其应用场景。

(5) 详细介绍了 Zookeeper 可调用的多种 API 用法,包含会话建立、管理权获取、节点注册、任务队列化等。

(6) 讲述了 Zookeeper 状态变化处理的重要机制——监视点,并分析了监视点机制较显式缓存的优势。此外,还介绍了应用中监视点的羊群效应和可扩展性。

(7) 从 3 个方面详细讲述了 Zookeeper 各部分的故障处理机制。

(8) 详细讲解了 Zookeeper 集群建立的全部配置过程,并介绍了查询当前 Server 的方法。

(9) 介绍了 Zookeeper 集群管理的需求和方法,同时解释了动态选举的过程。

习 题

(1) 下列方法中,(　　)不是设置监视点的方法。
　　A. getData　　　　B. getChildren　　　　C. register　　　　D. exists
(2) 以下属性中不是 znode 中的版本号的是(　　)。
　　A. Version　　　　B. Zversion　　　　C. Cversion　　　　D. Aversion
(3) 以下项目中没有应用 Zookeeper 的是(　　)。
　　A. Hadoop　　　　B. HBase　　　　C. FLP　　　　D. Storm
(4) Zookeeper 集群中最少(　　)台机器可以推举出一个 Leader?
　　A. 2　　　　B. 3　　　　C. 4　　　　D. 5
(5) 为什么说 Zookeeper 是一种高性能、可扩展的服务?
(6) 什么是单点故障?并给出解决方案。
(7) znode 的节点类型有哪些?请详细叙述。
(8) 什么是 Zookeeper 的通知机制?请详细叙述。
(9) 监视点的羊群效应是什么?

(10) 显式缓存管理为什么被取代？
(11) 监视点有哪两种类型？分别如何设置，如何移除监视点？
(12) 群首选举是什么，如何实现这个过程？
(13) 为什么配置文件 zoo.cfg 中的每个 Server 都有两个端口值？
(14) 如何知道 Zookeeper 集群中哪些机器依旧在运行？

第 6 章

初 识 HBase

6.1 什么是 HBase

6.1.1 大数据的背景

据国际数据公司 IDC 报道,2015 年产生和复制的数据量超过 2×10^{13} GB,相当于世界上所有海滩沙粒总数的 20 倍,大型强子对撞机每年积累的新数据量为 15PB 左右,沃尔玛公司每天通过 6000 多个商店向全球客户销售超过 2.67 亿件商品,这些庞大的数据量提醒我们,互联网已经进入了"大数据"时代。

以往对数据存储的管理,大家一般都采取 RDBMS(关系数据库系统),关系数据库系统的管理模型追求的是高度一致性和正确性。面向超大数据的分析需求时,其采取纵向扩展系统方式,即通过增加或者更换 CPU、内存、硬盘以扩展单个节点的能力,然而这种方式终将会遇到瓶颈。因此,为了解决关系数据库系统所面临的难题,满足实际项目的需求,NoSQL(非关系型数据库系统)就此诞生。

面对超大规模的数据分析处理,因为超大规模的查询需要进行大范围的数据记录扫描或全表扫描,RDBMS 在一台服务器上做查询工作的响应时间会远远超过用户可接受的合理响应时间。更糟糕的是,RDBMS 的等待和死锁的出现频率,与事务和并发的增加并不是线性关系,准确地说,与并发数目的平方以及事务规模的 3 次方甚至 5 次方相关。在相同情况下,NoSQL 采取反范式化数据模型来避免等待,并且可以通过降低锁粒度的方式来尽量避免死锁,数据增长时,无须重新分区迁移数据并内嵌水平扩展性的方法。最后,面对容错和数据可用性问题,采用提高扩展性的机制。显而易见,如今"大数据"时代,使用 NoSQL 数据库才是符合时代潮流。

2003 年,在意识到 RDBMS 在大规模数据处理中的缺点后,Google 的工程师们开始考虑大规模数据处理的其他切入点。如摒弃 RDBMS 的特点,进行增、查、改、删等操作采用简单 API 实现,再加一个扫描函数,大范围或全表范围上迭代扫描。最终经过不懈努力,在 2006 年实现了 BigTable 这一成果。经过之后的发展、补充、完善,BigTable 成了如今的典型 NoSQL 数据库 HBase。

6.1.2 HBase 架构

HBase 的基本组件包含 Client、Master、Region Server 等,具体架构图如图 6-1 所示。

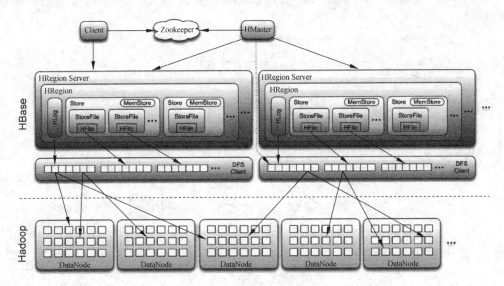

图 6-1　HBase 框架

图 6-1 中各组件的功能如下。

Client：包含访问 HBase 的接口，并维护 cache 来加快对 HBase 的访问，如 region 的位置信息。

Master：为 Region Server 分配 region，负责 Region Server 的负载均衡，发现失效的 Region Server 并重新分配其上的 region，管理用户对 table 的增删改查操作。

Region Server：Region Server 维护 region，处理对这些 region 的 I/O 请求；负责切分在运行过程中变得过大的 region。

Zookeeper：通过选举，保证任何时候集群中只有一个 Master，Master 与 Region Servers 启动时会向 Zookeeper 注册。存储所有 region 的寻址入口，实时监控 Region Server 的上线和下线信息，并实时通知给 Master。存储 HBase 的 schema 和 table 元数据。默认情况下，HBase 管理 Zookeeper，Zookeeper 的引入使 Master 不再是单点故障。

一个基本的流程如图 6-2 所示。客户端首先联系 Zookeeper 子集群（quorum，一个由 Zookeeper 节点组成的单独集群）查找行键。上述过程是通过 Zookeeper 获取含有 ROOT_ 的 region 服务器名（主机名）来完成的。通过含有 ROOT 的 region 服务器可以查询到含有 .META. 表中对应的 region 服务器名，其中包含请求的行键信息。这两处的主要内容都被缓存下来，并且都只查询一次。最终，通过查询 .META. 服务器来获取客户端查询的行键数据所在 region 的服务器名。一旦知道了数据的实际位置，即 region 的位置，HBase 会缓存这次查询的信息，同时直接联系管理实际数据的 HRegion Server。HRegion Server 负责打开 region，并创建对应的 HRegion，region 被打开后，它会为每个表的 HColumnFamily 创建一个 Store 实例，这些列簇是用户之前创建表时定义的。每个 Store 实例包含一个或多个 StoreFile 实例，它们是实际数据存储文件 HFile 的轻量级封装。每个 Store 还有其对应的一个 MemStore，一个 HRegion Server 分享了一个 Hlog 实例。

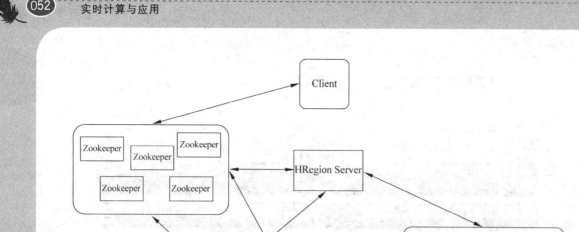

图 6-2　Zookeeper 集群基本流程

6.1.3　HBase 存储 API

HBase 的存储 API 提供了建表、删表、增加列簇和删除列簇的操作，同时还提供了修改表和列簇元数据等功能。部分存储 API 见表 6-1。

表 6-1　部分存储 API

返回值	函　　数	描　　述
void	addColumn(String tableName, HColumnDescriptor column)	向一个已经存在的表中添加列簇
	createTable(HTableDescriptor desc)	创建一个新表
	deleteTable(byte[] tableName)	删除一个已经存在的表
	addFamily(HColumnDescriptor)	添加一个列簇
HColumnDescriptor	removeFamily(byte[] column)	移除一个列簇
byte[]	getName()	获取表名
byte[]	getValue(byte[] key)	获取属性的值
void	setValue(String key, String value)	设置属性的值
void	put(Put put)	向表中添加值

在这些基本功能的基础上，还有一些更高级的特性。由于单元格的值可以当作计数器使用，并且能够支持原子更新。这个计数器能够在一个操作中完成读和修改，因此尽管是分布式的系统架构，客户端仍然可以利用此特性实现全局的强一致的连续的计数器。

6.2 HBase 部署

6.2.1 HBase 配置及安装

1. 必备条件

在进行 HBase 安装之前，需要确定是否具备以下 3 个必备条件。

（1）Linux 操作系统或类 UNIX 系统。支持 HBase 集群的操作系统有 CentOS、Fedora、Debian、Ubuntu、Solaris、Red Hat Enterprise Linux 等。这些操作系统都可以满足使用需求，区别就在于系统是开源免费还是闭源收费。用户可以自行选择适合自己的操作系统。

（2）Java 版本。HBase 需要 Java 才能运行。一些 HBase 与 JDK 的版本的对应关系如表 6-2 所示。

表 6-2 HBase 与 JDK 对应版本

HBase Version	JDK 6	JDK 7	JDK 8
1.2.x	不支持	不支持	支持
1.1.x	不支持	支持	支持
1.0.x	不支持	支持	支持
0.98.x	支持	支持	支持
0.96.x	支持	支持	不支持
0.94.x	支持	支持	不支持

用户可以在命令行中输入 java -version 来查看已经安装的 JDK 版本信息，如图 6-3 所示。

```
[node4@master ~]$ java -version
openjdk version "1.8.0_101"
OpenJDK Runtime Environment (build 1.8.0_101-b13)
OpenJDK 64-Bit Server VM (build 25.101-b13, mixed mode)
```

图 6-3 查看 JDK 版本

其中，1.8.0_101 为 JDK 的版本号，即为 JDK 8。

（3）Hadoop 版本。由于 HBase 与 Hadoop 之间的远程过程调用是依靠 RPC 协议的，RPC 协议是版本化的，需要调用方与被调用方相互匹配，出现细微差异就会导致通信错误。因此，HBase 只能依赖于特定的 Hadoop 版本。一些 HBase 与 Hadoop 的版本对应关系如表 6-3 所示。

表 6-3 HBase 与 Hadoop 对应版本

Hadoop	HBase				
	0.94.x	0.98.x	1.0.x	1.1.x	1.2.x
1.0.x	x	x	x	x	x
1.1.x	s	x	x	x	x
2.0.x	s	x	x	x	x
2.1.x	x	x	x	x	x

续表

Hadoop	HBase				
	0.94.x	0.98.x	1.0.x	1.1.x	1.2.x
2.2.x	x	s	x	x	x
2.3.x	x	s	x	x	x
2.4.x	x	s	s	s	s
2.5.x	x	s	s	s	s
2.6.x	x	x	x	s	s
2.7.0	x	x	x	x	s

用户可以通过输入"hadoop 路径"/bin/hadoop version 来查看已经安装的 Hadoop 版本信息，如图 6-4 所示。

```
[tseg@main1 ~]$ hadoop-2.6.0/bin/hadoop version
Hadoop 2.6.0
Subversion https://git-wip-us.apache.org/repos/asf/hadoop.git -r e3496499ecb8d220fba99dc5ed4c99c8f9e33bb1
Compiled by jenkins on 2014-11-13T21:10Z
Compiled with protoc 2.5.0
From source with checksum 18e43357c8f927c0695f1e9522859d6a
This command was run using /home/tseg/hadoop-2.6.0/share/hadoop/common/hadoop-common-2.6.0.jar
```

图 6-4 Hadoop 版本

其中，Hadoop 2.6.0 为 Hadoop 的版本号，即 2.6.0 版本。

2. 安装配置

确认上述几个必备条件满足后，就可以着手进行 HBase 的安装配置。这里介绍最实用的 HBase 完全分布式模式的安装配置。

（1）首先从 Apache HBase 的发布网站（http://www.apache.org/dyn/closer.cgi/hbase/）下载所需要版本的 HBase，并将内容解压到合适的目录中。

$ cd hbase 文件所在路径
$ tar -zxf hbase-x.y.z.tar.gz -C ~/   将内容解压到当前用户目录下

（2）接着进入 HBase 安装目录中的 conf 目录，对其中的 hbase-site.xml、hbase-env.sh 几个文件进行编辑，如图 6-5 所示。

$ cd ~/hbase-x.y.z/conf
$ ls -lr   显示当前目录下的所有文件

```
[tseg@main1 hbase-1.1.5]$ cd ~/hbase-1.1.5/conf
[tseg@main1 conf]$ ls -lr
总用量 44
-rw-r--r--. 1 tseg tseg 1032 11月 14 20:51 zoo.cfg
-rw-rw-r--. 1 tseg tseg   18 7月  12 11:14 regionservers
-rw-rw-r--. 1 tseg tseg 4339 7月  12 09:01 log4j.properties
-rw-rw-r--. 1 tseg tseg 1498 11月 14 20:53 hbase-site.xml
-rw-rw-r--. 1 tseg tseg 2257 7月  12 09:01 hbase-policy.xml
-rw-rw-r--. 1 tseg tseg 7713 11月 14 20:46 hbase-env.sh
-rw-rw-r--. 1 tseg tseg 4537 7月  12 09:01 hbase-env.cmd
-rw-rw-r--. 1 tseg tseg 1811 7月  12 09:01 hadoop-metrics2-hbase.properties
```

图 6-5 文件配置

接着用 vim 命令打开相应文件,进行编辑。
① 对于 hbase-site.xml 文件:

```
<configuration>
   <property>
        <name> hbase.rootdir</name>
        <value> hdfs://main1:9010/hbase</value>
   </property>
   <property>
        <name> hbase.cluster.distributed</name>
        <value> true</value>
   </property>
   <property>
        <name> hbase.zookeeper.quorum</name>
        <value> main1,main2,main3,main4</value>
   </property>
   <property>
         <name> hbase.zookeeper.property.dataDir</name>
         <value>/home/tseg/zookeeper_data/data</value>
   </property>
</configuration>
```

要注意 hbase.rootdir 参数,这个参数的前面部分必须与 Hadoop 集群里的 core-site.xml 文件里 fs.default.name 保持一致。由于 HBase 不识别机器的 IP,value 中填写机器的 hostname 即可。hbase.zookeeper.quorum 个数必须为奇数,这样才能选举出 Leader。hbase.zookeeper.property.dataDir 为数据存储路径,可由用户自行决定。

② 对于 hbase-env.sh 文件:

```
export JAVA_HOME=/home/tseg/java/jdk1.7.0_79
export HBASE_HOME=/home/tseg/hbase-1.1.5
export HADOOP_HOME=/home/tseg/hadoop-2.6.0
export PATH=$PATH:/home/tseg/hbase-1.1.5/bin
export HBASE_MANAGES_ZK=true
```

在文件中加上环境变量,将其中的路径改为用户相应的路径。
③ 对于 regionservers 文件:

```
main1
main2
main3
main4
```

在文件中加入所有的 DataNode 节点的主机名称。

(3) 把 hadoop 中的 hdfs-site.xml 文件复制到 HBase 的 conf 文件夹下。

```
$ cp ~/hadoop-2.6.0/etc/hadoop/hdfs-site.xml ~/hbase-1.1.5/conf/
```

(4) 把配置好的 HBase 用 scp 命令复制到其他节点。

```
$ scp ~/hbase-1.1.5  tseg@main2:/home/tseg/
$ scp ~/hbase-1.1.5  tseg@main3:/home/tseg/
```

```
$ scp ~/hbase-1.1.5  tseg@main4:/home/tseg/
```

(5) Zookeeper 安装,可参照第 5 章。

6.2.2 运行模式

HBase 运行模式有两种:单机模式和分布式模式。无论启动什么模式,都必须编辑 HBase 安装目录中 conf 目录下的 hase-env.sh 文件,以指定运行 HBase 的 Java 安装目录。

1. 单机模式

单机模式是默认模式,一切事务都运行在单个 Java 进程中,并且所有的文件默认情况下都将存储在/tmp 路径下。如果数据存储在默认路径下,服务器一旦重启,测试数据就会丢失。数据一旦被操作系统删除,将无法恢复。在单机模式中,HBase 并不使用 HDFS,仅使用本地文件系统。Zookeeper 程序与 HBase 程序运行在同一个 JVM 进程中,Zookeeper 绑定到客户端的常用端口上,以便客户端可以与 HBase 进行通信。以单机模式运行只需下载解压相应的 HBase 版本,配置好 hase-env.sh 及 hbase-site.xml 文件即可启动运行。

2. 分布式模式

分布式模式可以进一步细分成伪分布式模式(pseudo distributed)——所有守护进程都运行在单个节点上,以及完全分布式模式(fully-distributed)——进程运行在物理服务器集群中。

伪分布式模式是在一台主机上运行所有进程的模式,需要事先启动 Hadoop。启动 Hadoop 后,配置 hbase-site.xml 文件为以下内容,其他与单机模式相同,再启动即可。

```
<configuration>
  <property>
    <name> hbase.rootdir</name>
    <value> hdfs://localhost:9000/hbase</value>
  </property>
  <property>
    <name> dfs.replication</name>
    <value> 1</value>
  </property>
</configuration>
```

完全分布式模式是用户在多台主机中进行完全分布式操作,配置参照前一小节的安装配置。

6.2.3 集群操作

确认服务器已经安装好,并配置好了操作系统与文件系统,配置文件中集群所需要的属性,用户可以启动集群进行操作。

(1) 运行 Hadoop 安装目录下的 bin/start-dfs.sh(bin/stop-dfs.sh)来启动(关闭)hadoop 集群,用 jps 命令查看 namenode 和 datanode 的服务是否正常启动(关闭)。

(2) 运行 HBase 安装目录下的 bin/start-hbase.sh(bin/stop-hbase.sh)来启动(关闭)HBase 集群:通过 jps 查看 HMaster、HRegionServer 和 HQuorumPeer 的服务是否正常启动(关闭)。

(3) 通过 HBase 的命令行管理界面看看是否正常,如图 6-6 所示。

输入 help 并按 Enter 键能够得到所有 shell 命令和选项,浏览帮助文档可以看到每个具体的命令参数的用法(变量、命令参数),特别注意怎样引用表名、行键、列名等。通过命令

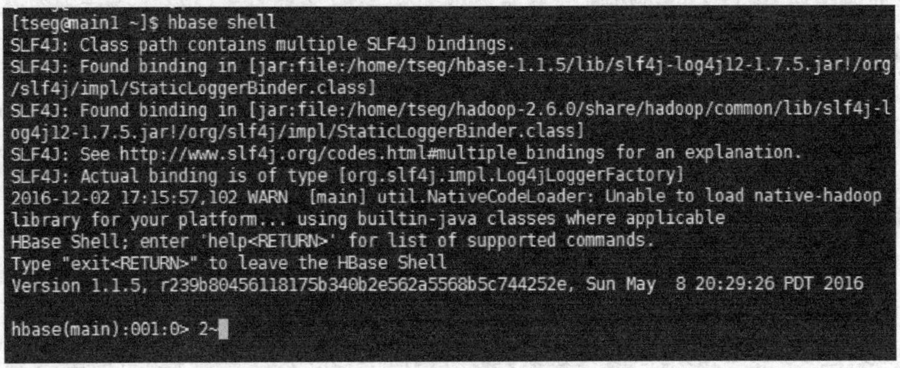

图 6-6　HBase 命令行界面的帮助信息

行模式可以实现创建表、新增和更新数据，以及删除表等操作。

可以通过 Web 页面 http://main1：60010/master-status 来管理查看 HBase 数据库。其中，main1 为 Master 运行的主机名，如图 6-7 所示。

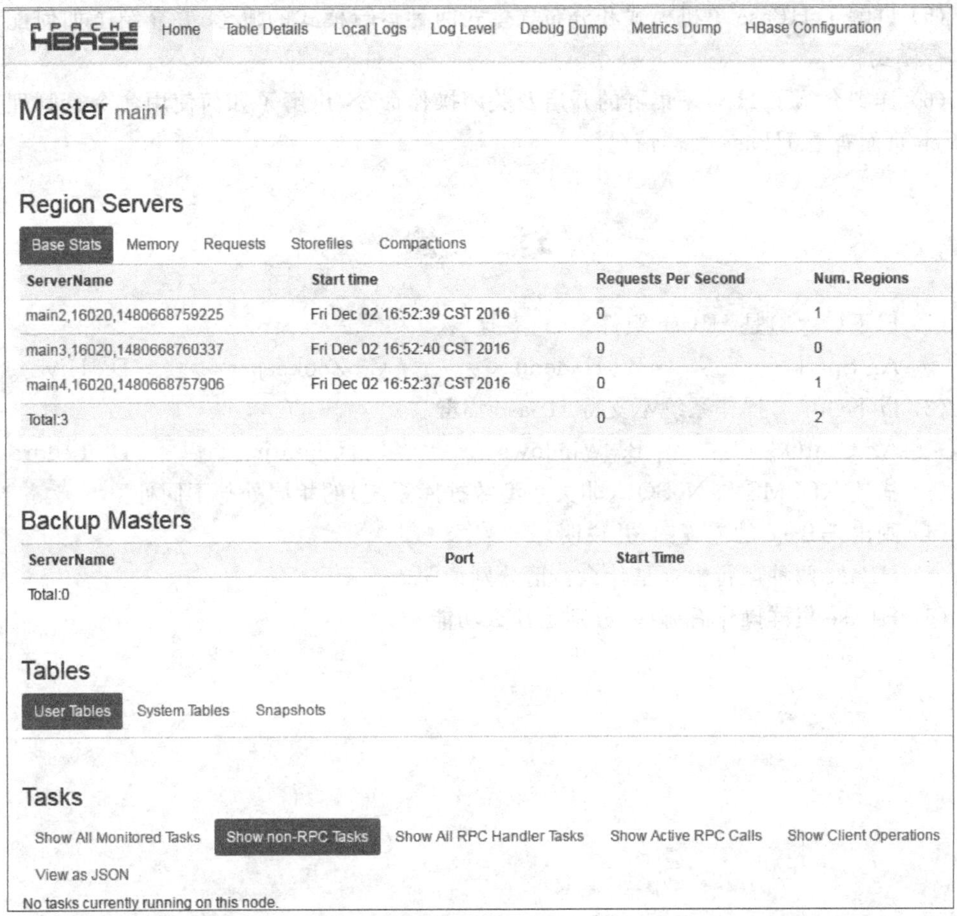

图 6-7　查看 HBase

集群启动后,用户不仅可以通过页面检查 region 服务器是否已经正常注册到 Master,并以期望的主机名显示在页面中(客户端能够连接)。在此页面中,显示了各 region 服务器当前的状态,以及各种当前任务和以往任务等。

本章小结

本章详细介绍了 HBase 的背景、架构、配置安装、运行模式及集群操作,让读者对 HBase 各方面知识有基础认知。

(1) 通过 RDBMS 的局限及大数据下的时代需求,介绍了 HBase 项目的重要性及时代意义。

(2) 详细介绍了 HBase 的整体架构及其中每个组成部分的作用。

(3) 简单介绍了 HBase 部分存储功能。

(4) 详细介绍了 Java 版本、Hadoop 版本及操作系统等 HBase 安装前的必备条件,并且讲解了 HBase 从初始到最终配置完成的每一个步骤,对关键步骤详细说明了注意事项。

(5) 讲解了 HBase 单机模式和分布式模式两种运行模式的概念,并介绍了如何配置不同运行模式。

(6) 详细介绍了 HBase 集群的开启及关闭操作命令,讲解了如何使用命令行管理界面及 Web 页面查看 HBase 集群情况。

习 题

(1) 以下(　　)是 HBase 组件。
　　A. Spark　　　　B. Hadoop　　　　C. Zookeeper　　　　D. Hive

(2) 以下(　　)操作系统不支持 HBase 集群。
　　A. CentOS　　　B. Windows　　　C. Ubuntu　　　　 D. Fedora

(3) 描述 RDBMS 与 NoSQL(非关系型数据库系统)的相同处与不同处。

(4) 画出 HBase 的流程图,并说明。

(5) HBase 两种运行模式是什么?请分别说明。

(6) HBase 集群操作有哪些,分别是什么功能?

第7章

HBase 基础操作

HBase 的主要客户端接口是由 org.apache.hadoop.hbase.client 包中的 HTable 类提供的,用户可以完成向 HBase 存储和检索数据,以及删除无效数据之类的操作。

7.1 CRUD 操作

数据库的基本操作通常被称为 CRUD(Create,Read,Update,Delete),具体指增、查、改、删。HBase 中有与之相对应的一组操作,这些方法都由 HTable 类提供,下面将依次介绍。

7.1.1 Put 操作

Put 类中主要含有一个 KeyValue 对象数组,KeyValue 对象是 HBase 底层存储的一个重要类,代表数据在底层存储时的状态。KeyValue 对象代表 HBase 表中的一个数据单元,包含行值(row)、列簇(family)、列(column)、时间戳(timestamp)和值(value)等信息,并以这些信息确定表中的唯一一个数据单元。当插入一条数据时,其实就是 KeyValue 进行序列化,然后传递 HBase 集群,集群再根据 KeyValue 的值进行相应的操作。

Put 类提供的方法如表 7-1 所示。

表 7-1 Put 类提供的方法

方法	描述
Put(byte[] row)/Put(byte[] row,RowLock lock)	构建 Put 实例,设定行键/构建 Put 实例,设定行键,定义行锁
add(byte[] family,byte[] qualifier,byte[] value)/add(byte[] family,byte[] qualifier,long ts,byte[] value)/addColumn(byte[] family,byte[] qualifier,long ts,byte[] value)	向 Put 实例中特定地添加列簇、列、值/向 Put 实例中特定地添加列簇、列、时间戳、值/向 Put 实例中特定地添加列簇、列、时间戳、值
getTimeStamp()	返回 Put 实例的时间戳,默认值为 Long.MAX_VALUE
has(byte[] family,byte[] qualifier)/has(byte[] family,byte[] qualifier,byte[] value)	检查是否存在指定单元格/检查是否存在包含 value 值的指定单元格
setWriteToWAL(boolean write)	开启或关闭服务器端数据预写日志(Write-Ahead-Log)

续表

方　　法	描　　述
getRow()	返回创建 Put 实例时指定的行键
numFamilies()	返回所有 KeyValue 实例中的列簇数量
isEmpty()	查询 Put 中是否含有任何 KeyValue 实例
Size()	返回 Put 中所含 KeyValue 实例的数量

HBase 客户端拥有多重方式进行数据插入，通过调整不同的属性从而实现不同插入方式。

1. void put(Put p) throws IOException

该方法向表中添加一行数据。在此过程中会发送一次 RPC 操作进行请求，并将 Put 中的数据序列化以后传送给相应的服务器进行数据插入。

2. boolean checkAndPut(byte[] row, byte[] family, byte[] qualifier, byte[] value, Put p) throws IOException

该方法提供了一种原子性操作，即该操作如果失败，则操作中的所有更改都失效。该函数在多个客户端对同一个数据进行修改时将会提供较高的效率。

3. void put(List< Put< plist) throws IOException

该方法在批量插入中生成一个 List 容器，然后将多行数据全部转载到该容器中，然后通过客户端的代码一次将多行数据进行提交。

4. void flushCommits() throws IOException

该方法实现了缓冲区的刷写功能。因为每一次 Put 操作都要执行一次 RPC 操作，RPC 操作的时间开销在处理大量数据时会成为一个极大负担。为了解决这个问题，HBase 提供了写缓冲区。缓冲区大小可由客户端自行设置，用户提交的 Put 操作将由缓冲区负责收集。接着在缓冲区溢出或主动调用刷写功能时，缓冲区调用 RPC 操作一次性将所有 Put 操作送往服务器。

【代码实例1】

```
import org.apache.hadoop.conf.Configuration;
import org.apache.hadoop.hbase.HBaseConfiguration;
import org.apache.hadoop.hbase.client.Get;
import org.apache.hadoop.hbase.client.HTable;
import org.apache.hadoop.hbase.client.Put;
import org.apache.hadoop.hbase.client.Result;
import org.apache.hadoop.hbase.util.Bytes;
import java.io.IOException;
import java.util.ArrayList;
import java.util.List;

public class test_hbase {
    public static void main(String[] args) throws IOException
    {
```

```
Configuration conf = HBaseConfiguration.create();
conf.set("hbase.zookeeper.quorum", "main1");①
HTable table = new HTable(conf,"test");②
table.setAutoFlush(false);③
Put put = new Put(Bytes.toBytes("row1"));④
put.add(Bytes.toBytes("col1"),Bytes.toBytes("q1"),Bytes.toBytes("v1"));⑤
put.add(Bytes.toBytes("col1"),Bytes.toBytes("q2"),Bytes.toBytes("v2"));
List<Put> puts = new ArrayList<Put>();⑥
Put put1 = new Put(Bytes.toBytes("row2"));
put1.add(Bytes.toBytes("col1"),Bytes.toBytes("q1"),Bytes.toBytes("v3"));
puts.add(put1);⑦
Put put2 = new Put(Bytes.toBytes("row3"));
put2.add(Bytes.toBytes("col1"),Bytes.toBytes("q1"),Bytes.toBytes("v4"));
puts.add(put2);
Put put3 = new Put(Bytes.toBytes("row4"));
put3.add(Bytes.toBytes("col1"),Bytes.toBytes("q1"),Bytes.toBytes("v5"));
table.put(put);
table.put(puts);⑧
Get get = new Get(Bytes.toBytes("row1"));
Result res1 = table.get(get);
System.out.println("Result:"+ res1);⑨
table.flushCommits();⑩
Result res2 = table.get(get);
System.out.println("Result:"+ res2);⑪
boolean res3 = table.checkAndPut(Bytes.toBytes("row1"),Bytes.toBytes("col1"),
Bytes.toBytes("q1"),null,put);
table.flushCommits();
System.out.println("Put applied:"+ res3);⑫
boolean res4 = table.checkAndPut(Bytes.toBytes("row4"),Bytes.toBytes("col1"),
Bytes.toBytes("q1"),null,put3);
table.flushCommits();
System.out.println("Put applied:"+ res4);⑬
    }
}
```

其中,①创建配置;②实例化一个客户端;③将自动刷写设置为 false,启用客户端写缓冲区;④指定一行创建 Put 实例;⑤向 Put 中添加一个名为 col:q1 的列;⑥创建一个 Put 实例列表;⑦将一个 Put 实例添加到列表中;⑧前一行将 Put 实例存入 HBase 表中,此行将列表中的所有实例添加到 HBase 表中;⑨加载先前存储的行,因为未在表中找到,结果会打印出 Result:keyvalues=NONE,如图 7-1 所示;⑩强制刷写缓冲区,产生一个 RPC 请求,将之前的 Put 操作执行;⑪同样加载先前存储的行,因前一步数据已经被持久化,故可以读取到,打印出行信息;⑫检查指定列是否存在于 HBase 表中来决定是否执行 Put 操作。此处指定列已存在,未能成功执行且输出 false;⑬此处因指定在表中列不存在,故成功执行 Put 操作且输出 true,如图 7-2 所示。

```
hbase(main):001:0> scan 'test'
ROW                                          COLUMN+CELL
0 row(s) in 0.4490 seconds

hbase(main):002:0> scan 'test'
ROW                                          COLUMN+CELL
 row1                                        column=coll:q1, timestamp=1490584200210, value=v1
 row1                                        column=coll:q2, timestamp=1490584200210, value=v2
 row2                                        column=coll:q1, timestamp=1490584200210, value=v3
 row3                                        column=coll:q1, timestamp=1490584200210, value=v4
 row4                                        column=coll:q1, timestamp=1490584200262, value=v5
4 row(s) in 0.0540 seconds
```

图 7-1　执行前后存储结果

```
"C:\Program Files\Java\jdk1.7.0_80\bin\java" ...
log4j:WARN No appenders could be found for logger (org.apache.hadoop.metrics2.lib.MutableMetricsFactory).
log4j:WARN Please initialize the log4j system properly.
log4j:WARN See http://logging.apache.org/log4j/1.2/faq.html#noconfig for more info.
Result:keyvalues=NONE
Result:keyvalues={row1/col1:q1/1490584955184/Put/vlen=2/seqid=0, row1/col1:q2/1490584955184/Put/vlen=2/seqid=0}
Put applied:false
Put applied:true

Process finished with exut code 0
```

图 7-2　运行结果

7.1.2　Get 操作

用户使用 Get 类查询时，从 HBase 获取的查询结果中每一行数据会作为一个 Result 对象，数据将存入对应 Result 实例中。用户需要获取一行数据时读取该行数据所在的 Result 对象。该对象内部封装了一个 KeyValue 对象数组。

Get 类提供的方法见表 7-2。

表 7-2　Get 类提供的方法

方　　法	描　　述
Get(byte[] row)/Get(byte[] row,RowLock lock)	构建 Get 实例，设置行键/构建 Get 实例，并设置行键，定义行锁
addFamily(byte[] family)/addColumn(byte[] family,byte[] qualifier)	指定 Get 请求时返回的指定列簇/指定 Get 请求时返回的指定列
setTimeStamp(long timestamp)	指定时间戳
setTimeRange(long minTime,long maxTime)	指定时间戳的范围
setMaxVersion(int version)/setMaxVersion()	指定返回确切版本数的数据/指定返回所有版本的数据
getRow()	返回创建 Get 实例时指定的行键
hasFamilies()	检查列簇或列是否存在于当前的 Get 实例中

HBase 客户端拥有多重方式进行数据查询，通过调整不同的属性从而实现不同查询方式。

1. Result get(Get g) throws IOException

Get 操作是通过 row 参数来指定所要获取的行。虽然一次 Get 操作只能取一行数据，但不会限制在一行中取多少列或者多少单元格。每次 RPC 请求只发送一个 Get 对象中的数据。

2. Result[] get(List<Get> gets) throws IOException

多行获取实质就是用户需要创建一个列表 List<Get>，并把之前准备好的 Get 实例添加到其中，然后对 List<Get>实例进行迭代，从而发送多次数据请求（即多个 RPC 请求与数据操作，一次请求包含一次 RPC 请求和一次数据传输）。

3. Result getRowOrBefore(byte[] row,bytel family) throws IOException

getRowOrBefore 方法会查找行键 family，若存在行 row 则将指定的列簇结果返回；若不存在行 row 则返回已排好序的表中具有行键 family 的最后一条结果。若找不到任何包含行键 family 的结果则返回 null。

【代码实例 2】

```
import org.apache.hadoop.conf.Configuration;
import org.apache.hadoop.hbase.HBaseConfiguration;
import org.apache.hadoop.hbase.KeyValue;
import org.apache.hadoop.hbase.client.Get;
import org.apache.hadoop.hbase.client.HTable;
import org.apache.hadoop.hbase.client.Put;
import org.apache.hadoop.hbase.client.Result;
import org.apache.hadoop.hbase.util.Bytes;
import java.io.IOException;
import java.util.List;
public class test_hbase {
    private static byte[] c1 = Bytes.toBytes("col1");
    private static byte[] q1 = Bytes.toBytes("q1");
    private static byte[] q2 = Bytes.toBytes("q2");
    private static byte[] row1 = Bytes.toBytes("row1");
    private static byte[] row2 = Bytes.toBytes("row2");
    private static byte[] row3 = Bytes.toBytes("row3");①
    public static void main(String[] args) throws IOException {
        Configuration conf = HBaseConfiguration.create();
        conf.set("hbase.zookeeper.quorum", "main1");
        HTable table = new HTable(conf,"test");
        Get get = new Get(row1);
        get.addColumn(c1,q1);②
        Result res1 = table.get(get);
        byte[] val1 = res1.getValue(c1,q1);
        System.out.println("value: " + Bytes.toString(val1));③
        Get get1 = new Get(row1);
        get.addColumn(Bytes.toBytes("NotExist"),q1);
        Result res2 = table.get(get1);
        byte[] val2 = res2.getValue(Bytes.toBytes("NotExist"),q1);
        System.out.println("value: " + Bytes.toString(val2));④
        List<Get> gets = new ArrayList<Get>();⑤
        Get get2 = new Get(row1);
        get.addColumn(c1,q2);
```

```
            gets.add(get2);⑥
            Get get3 = new Get(row2);
            get.addColumn(c1,q1);
            gets.add(get3);
            Get get4 = new Get(row3);
            get.addColumn(c1,q1);
            gets.add(get4);
            Result[] res3 = table.get(gets);
            for(Result res:res3){
                for(KeyValue kv : res.raw()){
                    System.out.println("Row: " + Bytes.toString(kv.getRow()) + ";Value " +
Bytes.toString(kv.getValue()));
                }
            }⑦
            Result res4 = table.getRowOrBefore(row1,c1);
            System.out.println("Found: " + Bytes.toString(res4.getRow()));⑧
            Result res5 = table.getRowOrBefore(Bytes.toBytes("noexist"),c1);
            System.out.println("Found: " + res5);⑨
    }
}
```

其中,①预先准备共用频率高的字节数组;②指定行键创建一个 Get 实例并添加列;③从 HBase 表中获取指定列的行数据,并打印输出;④从 HBase 表中以 Get()方法获取不存在的行数据,结果打印出 null;⑤创建一个 Get 实例列表;⑥将一个 Get 实例添加到列表中;⑦遍历结果,打印读取的所有结果;⑧从 HBase 表中以 getRowOrBefore 方法获取指定列名中每一行数据值,并打印输出;⑨从 HBase 表中以 getRowOrBefore 方法获取不存在的行数据,结果打印出 null,如图 7-3 所示。

```
"C:\Program Files\Java\jdk1.7.0_80\bin\java" ...
log4j:WARN No appenders could be found for logger (org.apache.hadoop.metrics2.lib.MutableMetricsFactory
log4j:WARN Please initialize the log4j system properly.
log4j:WARN See http://logging.apache.org/log4j/1.2/faq.html#noconfig for more info.
value: v1
value: null
Row: row1;Value v1
Row: row1;Value v2
Row: row2;Value v3
Row: row3;Value v4
Found: row1
Found: null
```

图 7-3 Get 结果

7.1.3 Delete 操作

Delete 类与 Put 类的功能相逆,但结构相似。Delete 类也含有一个 KeyValue 对象数组,且操作都是对此数组进行。

Delete 类提供的方法如表 7-3 所示。

表 7-3　Delete 类提供的方法

方　　法	描　　述
Delete(byte[] row)/Delete(byte[] row, long timestamp, RowLock lock)	构建 Delete 实例,设置行键/构建 Delete 实例,并设置行键,添加时间戳,定义行锁
DeleteFamily(byte[] family)/DeleteColumn(byte[] family, byte[] qualifier)	指定 Delete 操作时删除的指定列簇/指定 Delete 操作时删除的指定列
getTimeStamp(long timestamp)	检索 Delete 实例时间戳
getRow()	返回创建 Delete 实例时指定的行键
hasFamilies()	检查列簇或列是否存在于当前的 Delete 实例中
isEmpty()	查询 Delete 中是否含有任何用户所指定想要删除的列或列簇

　　HBase 客户端同样提供了多种 Delete 删除方法,包含单行删除、多行删除等。HBase 中的一次 Delete 操作不会立刻将 HBase 存储的相应数据删除,只会在相应的 KeyValue 存储单元上打上删除标记。等到下一次 region 合并、分裂等操作时才会将所有的数据进行移除。

　　1. void delete(Delete d) throws IOException

　　通过新建 Delete 实例,接着以上面所提供的方法将不同参数设定到实例中,用来指定对某一行的某一个列簇、某一个列、某一个列中具体版本的数据进行删除。

　　2. void delete(List<Delete> ds) throws IOException

　　列表删除与之前的列表获取相似,先创建一个列表 List<Delete>,并把之前准备好的 Delete 实例添加到其中,然后通过客户端的代码一次将多行数据进行删除。

　　3. boolean checkAndDelete(byte[] row, byte[] family, byte[] qualifier, byte[] value, Delete d) throws IOException

　　checkAndDelete 方法与之前的 checkAndPut 方法相似,同是原子性操作,即如果检查不到特定单元格,则不执行删除操作,并返回 false;如果检查成功,则会执行删除操作,并返回 true。

【代码实例 3】

```
private static byte[] c1 = Bytes.toBytes("col1");
private static byte[] c2 = Bytes.toBytes("col2");
private static byte[] q1 = Bytes.toBytes("q1");
private static byte[] q2 = Bytes.toBytes("q2");
private static byte[] q3 = Bytes.toBytes("q3");
private static byte[] row1 = Bytes.toBytes("row1");
private static byte[] row2 = Bytes.toBytes("row2");
private static byte[] row3 = Bytes.toBytes("row3");①
public void hbase_delete()throws IOException{
    Configuration conf = HBaseConfiguration.create();
    conf.set("hbase.zookeeper.quorum", "main1");
    HTable table = new HTable(conf, "test");
    Delete delete = new Delete(row1);
    delete.deleteColumns(c1,q1);②
```

```
        List<Delete> deletes = new ArrayList<Delete>();③
        Delete delete1 = new Delete(row2);
        delete1.deleteFamily(c2);④
        deletes.add(delete);
        deletes.add(delete1);⑤
        Delete delete2 = new Delete(row2);
        delete2.deleteColumn(c2,q1);
        boolean res1 = table.checkAndDelete(row2,c2,q1,null,delete2);⑥
        System.out.println("Delete: " + res1);
        table.delete(deletes);⑦
        boolean res2 = table.checkAndDelete(row2,c2,q1,null,delete2);
        System.out.println("Delete: " + res2);⑧
        table.close();
    }
```

其中，①预先准备共用频率高的字节数组；②创建针对特定行的 Delete 实例并指定删除列的全部版本；③创建一个 Delete 实例列表；④创建针对特定行的 Delete 实例并指定删除的整个列簇，包括所有的列和版本；⑤将 Delete 实例添加到列表中；⑥通过 checkAndDelete 检查指定列是否不存在，若检查成功，则执行删除操作，并返回 true；否则，不执行删除操作，并返回 false，此处显示为 false；⑦从 HBase 表中删除数据；⑧因为此处指定列已被删除，所以 checkAndDelete 显示为 true，如图 7-4 和图 7-5 所示。

```
"C:\Program Files\Java\jdk1.7.0_80\bin\java" ...
log4j:WARN No appenders could be found for logger (org.apache.hadoop.metrics2.lib.MutableMetricsFactory).
log4j:WARN Please initialize the log4j system properly.
log4j:WARN See http://logging.apache.org/log4j/1.2/faq.html#noconfig for more info.
Delete: false
Delete: true
```

图 7-4　Delete 程序执行结果

```
hbase(main):081:0> scan 'test',{VERSIONS => 3}
ROW                          COLUMN+CELL
 row1                        column=col1:q1, timestamp=1490671281055, value=v1
 row1                        column=col1:q2, timestamp=1490671281055, value=v2
 row1                        column=col2:q1, timestamp=1490671281055, value=v1
 row2                        column=col1:q1, timestamp=1490671281055, value=v3
 row2                        column=col2:q1, timestamp=1490671281055, value=v3
 row2                        column=col2:q2, timestamp=1490671281055, value=v2
 row3                        column=col1:q1, timestamp=1490671281055, value=v4
 row3                        column=col2:q1, timestamp=1490671281055, value=v4
 row4                        column=col1:q1, timestamp=1490669339954, value=v5
4 row(s) in 0.0390 seconds

hbase(main):082:0> scan 'test',{VERSIONS => 3}
ROW                          COLUMN+CELL
 row1                        column=col1:q2, timestamp=1490671281055, value=v2
 row1                        column=col2:q1, timestamp=1490671281055, value=v1
 row2                        column=col1:q1, timestamp=1490671281055, value=v3
 row3                        column=col1:q1, timestamp=1490671281055, value=v4
 row3                        column=col2:q1, timestamp=1490671281055, value=v4
 row4                        column=col1:q1, timestamp=1490669339954, value=v5
4 row(s) in 0.0310 seconds
```

*所删除数据在图中已框出。

图 7-5　Delete 程序运行前后数据

7.2 批处理操作

之前一些基于列表的操作,如 delete(List < Delete > ds)或者 get(List < Get > gs),都是基于批处理操作 batch 方法实现的。

HBase 客户端提供了如下批量处理操作

```
Void batch(List<Row> actions,Object[] results)
            throws IOException,InterruptedException
Object [] batch(List<Row> actions)
            throws IOException,InterruptedException
```

其中,Row 是 Put、Get 和 Delete 类的父类。使用前者用户可以访问部分结果,而使用后者则不可以。

HBase 的 batch 操作中不可以将针对同一行的 Put 和 Delete 操作放在同一个批量处理请求中,batch 中操作的处理顺序不同,可能会产生不一样的结果。当用户使用 batch()功能时,Put 实例不会被客户端写入缓冲区缓冲。batch 请求是同步的,会把操作直接发送到服务器端,这个过程没有什么延迟或其他中断操作。

batch 操作的返回结果如表 7-4 所示。

表 7-4 batch 操作的返回结果

结 果	描 述
null	连接远程服务器失败
EmptyResult	Put 或 Delete 操作成功
Result	Get 操作成功。若没有查询的行或列,则返回空的 Result
Throwable	服务器端产生异常

【代码实例 4】

```
private static byte[] c1 = Bytes.toBytes("col1");
private static byte[] c2 = Bytes.toBytes("col2");
private static byte[] q1 = Bytes.toBytes("q1");
private static byte[] q2 = Bytes.toBytes("q2");
private static byte[] q3 = Bytes.toBytes("q3");
private static byte[] row1 = Bytes.toBytes("row1");
private static byte[] row2 = Bytes.toBytes("row2");
private static byte[] row3 = Bytes.toBytes("row3");①
public void hbase_batch()throws IOException{
    Configuration conf = HBaseConfiguration.create();
    conf.set("hbase.zookeeper.quorum", "main1");
    HTable table = new HTable(conf, "test");
    List<Row> batch = new ArrayList<Row>();②
    Put put = new Put(row2);
    put.add(c2,q1,Bytes.toBytes("v6"));
    batch.add(put);③
    Get get = new Get(row1);
    get.addColumn(c1,q2);
    batch.add(get);④
    Delete delete = new Delete(row3);
```

```
        delete.addColumn(c1,q1);
        batch.add(delete);⑤
        Get get1 = new Get(row1);
        get1.addFamily(Bytes.toBytes("NoExist"));
        batch.add(get1);⑥
        Object[] res = new Object[batch.size()];⑦
        try{
            table.batch(batch,res);
        } catch (Exception event){
            System.out.println("Event: " + event);⑧
        }
        for(int i = 0;i < res.length;i++ )
            System.out.println("res " + i + ": " + res[i]);⑨
        table.close();
    }
```

其中，①预先准备共用频率高的字节数组；②创建一个可以存放所有操作的列表；③向列表中添加一个 Put 实例，对应结果 res 0；④向列表中添加一个 Get 实例，对应结果 res 1；⑤向列表中添加一个 Delete 实例，对应结果 res 2；⑥向列表中添加一个查找不存在数据的 Put 实例，对应结果 res 3；⑦创建存储结果的数组；⑧输出捕获的异常；⑨输出整个 batch 操作所获取的结果，如图 7-6 和图 7-7 所示。

```
res 0: keyvalues=NONE
res 1: keyvalues={row1/col1:q2/1490671281055/Put/vlen=2/seqid=0}
res 2: keyvalues=NONE
res 3: org.apache.hadoop.hbase.regionserver.NoSuchColumnFamilyException: org.apache.hadoop.hbase.regionserver.NoSuchColumnF
    at org.apache.hadoop.hbase.regionserver.HRegion.checkFamily(HRegion.java:7371)
    at org.apache.hadoop.hbase.regionserver.HRegion.get(HRegion.java:6531)
    at org.apache.hadoop.hbase.regionserver.RSRpcServices.doNonAtomicRegionMutation(RSRpcServices.java:582)
    at org.apache.hadoop.hbase.regionserver.RSRpcServices.multi(RSRpcServices.java:2050)
    at org.apache.hadoop.hbase.protobuf.generated.ClientProtos$ClientService$2.callBlockingMethod(ClientProtos.java:32393)
    at org.apache.hadoop.hbase.ipc.RpcServer.call(RpcServer.java:2127)
    at org.apache.hadoop.hbase.ipc.CallRunner.run(CallRunner.java:107)
    at org.apache.hadoop.hbase.ipc.RpcExecutor.consumerLoop(RpcExecutor.java:133)
    at org.apache.hadoop.hbase.ipc.RpcExecutor$1.run(RpcExecutor.java:108)
    at java.lang.Thread.run(Thread.java:745)
```

图 7-6　batch 程序运行结果

```
hbase(main):090:0> scan 'test',{VERSIONS => 3}
ROW                          COLUMN+CELL
 row1                        column=col1:q2, timestamp=1490671281055, value=v2
 row1                        column=col2:q1, timestamp=1490671281055, value=v1
 row2                        column=col1:q1, timestamp=1490671281055, value=v3
 row3                        column=col1:q1, timestamp=1490683134931, value=v4
 row3                        column=col2:q1, timestamp=1490671281055, value=v4
 row4                        column=col1:q1, timestamp=1490669339954, value=v5
4 row(s) in 0.0300 seconds

hbase(main):091:0> scan 'test',{VERSIONS => 3}
ROW                          COLUMN+CELL
 row1                        column=col1:q2, timestamp=1490671281055, value=v2
 row1                        column=col2:q1, timestamp=1490671281055, value=v1
 row2                        column=col1:q1, timestamp=1490671281055, value=v3
 row2                        column=col2:q1, timestamp=1490683282570, value=v6
 row3                        column=col2:q1, timestamp=1490671281055, value=v4
 row4                        column=col1:q1, timestamp=1490669339954, value=v5
4 row(s) in 0.0310 seconds
```

*前一个框是删除数据，后一个框是插入数据。

图 7-7　程序运行前后数据

7.3 行　锁

服务器在串行方式的执行中,每一个操作都必须保证是原子性的。HBase 利用行锁来保证这一特性。在使用行锁时需要十分谨慎,因为两个客户端很可能同时被对方锁住,而且只有对方能解开锁,形成一个死锁。

HBase 客户端提供了以下 API 对单行数据的多次操作进行加锁。

```
RowLock lockRow(byte[] row) throws IOException
void unlockRow(RowLock r) throws IOException
```

前者需要将一个行键作为参数,生成一个 RowLock 实例。若不要锁,则需要使用 unlockRow 操作来解锁。锁必须针对整行,并且指定其行键,一旦它获得锁定权就能防止其他并发修改。

【代码实例 5】

```
static class UnlockPut implements Runnable {①
  public void run() {
    try {
      Configuration conf = HBaseConfiguration.create();
      conf.set("hbase.zookeeper.quorum", "main1");
      HTable table = new HTable(conf, "test");
      Put put = new Put(row1);
      put.add(c1, q1, Bytes.toBytes("v1"));
      long time = System.currentTimeMillis();
      System.out.println("Thread trying to put same row now...");
      table.put(put);②
      System.out.println("Wait time: " + (System.currentTimeMillis()- time) + "ms");
    } catch (IOException event){
        System.err.println("Thread error: " + event);
    }
  }
}

public static void main(String[] args) throws IOException {
  Configuration conf = HBaseConfiguration.create();
  conf.set("hbase.zookeeper.quorum", "main1");
  HTable table = new HTable(conf, "test");
  System.out.println("Taking out lock...");
  RowLock lock = table.lockRow(row1);③
  System.out.println("Lock ID: " + lock.getLockId());
  Thread thread = new Thread(new UnlockPut());④
  thread.start();
  try{
      System.out.println("Sleeping 5secs in main...");
      Thread.sleep(5000);⑤
  }catch (InterruptedException event){
```

```
            //ignore
        }

        try{
            Put put1 = new Put(row1,lock);⑥
            put1.add(c1,q1,Bytes.toBytes("v1"));
            table.put(put1);
            Put put2 = new Put(row1,lock);⑦
            put1.add(c1,q1,Bytes.toBytes("v2"));
            table.put(put2);
        }catch (Exception event){
            System.out.println("Event: " + event);
        }finally {
            System.out.println("Releasing lock...");
            table.unlockRow(lock);⑧
        }
    }
```

其中,① 使用一个异步线程更新同一行,不显式加锁;② Put 调用被阻塞,直到锁被释放;③ 给整行加锁;④ 启动会阻塞的异步线程;⑤ 休眠以阻塞其他写入操作;⑥ 在拥有锁使用权的情况下创建 Put;⑦ 在拥有锁使用权的情况下创建另一个 Put;⑧ 释放锁,让阻塞线程继续执行,如图 7-8 所示。

```
"C:\Program Files\Java\jdk1.7.0_80\bin\java"...
Taking out lock...
Lock Id...
Sleeping 5secs in main...
Thread trying to put same row now...
Releasing lock...
Wait time: 5013ms
```

图 7-8 程序执行结果

一个客户端想要对另一客户端加锁的数据进行修改时,必须等待直到锁被释放或锁的时间超时。

默认的锁超时时间是一分钟,但可以在 Hbase-site.xml 文件中添加以下配置项来修改这个默认值,时间以毫秒为单位。

```xml
<property>
    <name> hbase.regionserver.lease.period </name>
    <value> 120000 </value>
</property>
```

7.4 扫 描

Put、Delete 与 Get 都只能进行单行操作。为了能够快速对整张表进行扫描以获取想要的结果,HBase 客户端提供了一个 Scan 的 API 来实现。

Scan 实例的创建有显式和隐式两种，如表 7-5 所示。

表 7-5　Scan 实例的两种模式

隐　式	显　式
	Scan(byte[] startRow,Filter filter)
ResultScanner getScanner(byte[] family) throws IOException	Scan(byte[] startRow)
ResultScanner getScanner(byte[] family,byte[] qualifier) throws IOException	Scan(byte[] startRow,byte[] stopRow)

采用显式方法创建 Scan 实例时，用户可以通过 startRow 参数来指定扫描读取 HBase 表的起始行键，而不需指定行键。扫描的区间包含起始行，而没有终止行。若提供的参数没有精确匹配，扫描会匹配相等或大于给定的起始行的行键。隐式创建方式即调用一次列表扫描方法，ResultScanner 对象会在扫描请求发送前隐式地创建一个 Scan 对象。

创建 Scan 实例后，用户可以通过表 7-6 中 HBase 提供的相关 API 向实例中添加限制条件。

表 7-6　HBase 提供的相关 API

方　法	描　述
addFamily(byte[] family)/addColumn(byte[] family,byte[] qualifier)	指定 Scan 操作时读取的指定列簇/指定 Scan 操作时读取的指定列
setTimeStamp(long timestamp)	设置时间戳
setTimeRange(long minStamp,long maxStamp)/getTimeRange()	设置时间戳/查询设定的时间戳范围
setStartRow(byte[] startRow)/setStopRow(byte[] stopRow)	设置起始行/设置终止行
getStartRow()/getStopRow()	查询 Scan 实例创建时设定的起始行/终止行
setMaxVersions()/setMaxVersions(int maxVersions)	设置扫描返回的版本号
setFilter(Filter filter)	设置过滤器
numFamilies()	获取 Scan 实例中的列簇和列的数量

扫描操作将每一行数据封装成一个 Result 实例，并将所有的 Result 实例放入一个迭代器中。通过调用 close 方法可以告知服务器扫描已经结束，让其释放扫描资源。HBase 特别提供了以下两个 next 方法方便用户遍历，每一个 next 返回一个单独的 Result 实例，表示为下一个可用的行。

```
Result next() throws IOException
Result[] next(int nbRows) throws IOException
```

【代码实例 6】

```java
public void hbase_scan()throws IOException {
    Configuration conf = HBaseConfiguration.create();
    conf.set("hbase.zookeeper.quorum", "main1");
    HTable table = new HTable(conf, "test");
    System.out.println("Scanning table # 1...");
    Scan scan1 = new Scan();①
    ResultScanner scanner1 = table.getScanner(scan1);②
    for(Result res : scanner1){
        System.out.println(res);③
    }
    scanner1.close();④
    System.out.println("Scanning table # 2...");
    Scan scan2 = new Scan();
    scan2.addFamily(c1);⑤
    ResultScanner scanner2 = table.getScanner(scan2);
    for(Result res : scanner2){
        System.out.println(res);
    }
    scanner2.close();
    System.out.println("Scanning table # 3...");
    Scan scan3 = new Scan();
    scan3.addColumn(c1,q1).addColumn(c2,q1).
        setStartRow(row1).setStopRow(row3);⑥
    ResultScanner scanner3 = table.getScanner(scan3);
    for(Result res : scanner3){
        System.out.println(res);
    }
    scanner3.close();
}
```

其中，①创建一个空的 Scan 实例；②取得一个扫描器迭代访问所有的行；③打印行内容；④关闭扫描器释放远程资源；⑤只添加一个列簇，可以禁止获取非 col1 的数据；⑥使用 builder 模式将详细限制条件添加到 Scan 实例，如图 7-9 所示。

```
log4j:WARN No appenders could be found for logger (org.apache.hadoop.metrics2.lib.MutableMetricsFactory)
log4j:WARN Please initialize the log4j system properly.
log4j:WARN See http://logging.apache.org/log4j/1.2/faq.html#noconfig for more info.
Scanning table #1...
keyvalues={row1/col1:q2/1490671281055/Put/vlen=2/seqid=0, row1/col2:q1/1490671281055/Put/vlen=2/seqid=0}
keyvalues={row2/col1:q1/1490671281055/Put/vlen=2/seqid=0, row2/col2:q1/1490683282570/Put/vlen=2/seqid=0}
keyvalues={row3/col2:q1/1490671281055/Put/vlen=2/seqid=0}
keyvalues={row4/col1:q1/1490669339954/Put/vlen=2/seqid=0}
Scanning table #2...
keyvalues={row1/col1:q2/1490671281055/Put/vlen=2/seqid=0}
keyvalues={row2/col1:q1/1490671281055/Put/vlen=2/seqid=0}
keyvalues={row4/col1:q1/1490669339954/Put/vlen=2/seqid=0}
Scanning table #3...
keyvalues={row1/col2:q1/1490671281055/Put/vlen=2/seqid=0}
keyvalues={row2/col1:q1/1490671281055/Put/vlen=2/seqid=0, row2/col2:q1/1490683282570/Put/vlen=2/seqid=0}
```

图 7-9 Scan 程序执行结果

7.5 其他操作

7.5.1 HTable 方法

客户端 API 是由 HTable 的实例提供的,用户可以用它来操作 HBase 表,方法见表 7-7。

表 7-7 HTable 实例的方法

方法	描述
void close()	使用 HTable 实例之后,需要调用一次 close,这个方法会刷写所有客户端缓冲的写操作
byte[] getTableName()	获取表名称
Configuration getConfiguration()	允许访问 HTable 实例中使用的配置
static boolean isTableEnabled(table)	检查表在 Zookeeper 中是否被标识为启用
byte[][] getStartKeys()	获取表中所有 region 的起始行键
byte[][] getEndKeys()	获取表中所有 region 的终止行键
Pair< byte[][],byte[][] > getStartEndKeys()	获取二维字节数组形式的表所有 region 起始、终止行键
HRegionLocation getRegionLocation()/Map< HRegionInfo,HServerAddress > getRegionsInfo()	获取某一行数据的具体位置信息所在的 region 信息
void clearRegionCache()	清空缓存的 region 位置信息

7.5.2 Bytes 方法

Bytes 提供了将 Java 的各种原生数据类型互相转化等方法,而且 Bytes 的所有操作都不需要创建一个新的实例,如表 7-8 所示。

表 7-8 Bytes 方法

方法	描述
toStringBinary()	把不能打印的信息转换为人工可读的十六进制数
compareTo()/equals()	对两个 byte[] 进行比较。前者返回一个比较结果,后者返回一个布尔值,表示两个数组是否相等
add()	把两个字节数组连接在一起形成一个新的数组
head()/tail()	获取字节数组头部/尾部数据
binarySearch()	在给定的字节数组中二分查找一个目标值
incrementBytes()	将一个 long 类型数据转化成字节数组,并与 long 类型数据相加后返回一个字节数组

本章小结

本章主要介绍了 HBase 的基础操作,由浅入深地让读者逐步了解掌握 HBase 的基础操作实现。

(1) 详细介绍了 CRUD 操作中各操作的操作原理及提供的方法,通过实例具体讲述了如何实现对 HBase 表的 CRUD 操作。

(2) 详细介绍了批处理操作的操作原理及提供的方法,通过具体实例与 CRUD 实例的比较显示两者的差异。

(3) 详细介绍了行锁的操作原理、出现原因及提供的方法,通过具体实例讲述了如何实现对 HBase 表的建锁、解锁及行锁产生的作用。

(4) 详细介绍了扫描的操作原理、两种创建类型及提供的方法,通过具体实例讲述了如何实现对 HBase 表不同方式的扫描。

(5) 简单介绍了 HBase 提供的 HTable 和 Bytes 方法。

习 题

(1) 以下方法中,(　　)不是 CRUD 操作。
  A. Put　　　　　B. Get　　　　　C. Delete　　　　　D. Lock

(2) 以下(　　)不是 KeyValue 对象中包含的信息。
  A. row　　　　　B. family　　　　C. column　　　　　D. table

(3) 什么是 HBase 的写缓冲区,为什么使用写缓冲区?

(4) HBase 如何进行 Delete 操作?

(5) 为什么在使用行锁时要十分谨慎?如何对一行加行锁?

(6) Scan 实例的创建有哪几种,如何创建它们?

第 8 章

HBase 高阶特性

8.1 过滤器

HBase 过滤器是一套为完成一些较高级的需求所提供的 API 接口。从过滤器的名称可以看出，过滤器就是对从数据库获取的数据进行过滤，将符合条件的数据返回客户端，从而减少 region 服务器向客户端发送的数据量，减少无用数据传输，提高效率。

8.1.1 什么是过滤器

过滤器主要由过滤器本身、比较器和比较运算符组成。一般来说，实现一个过滤器需要在过滤器中规定比较运算符与比较器。但是也有例外，如扩展类过滤器还拥有其他参数。

过滤器的作用与 SQL 语句中的 where 语句很相似，在 where 语句中一般使用比较符号，而在过滤器中不能使用常规的比较操作符，而为其特别定义了一套比较运算符。

比较运算符全部被封装在一个名为 Compare() 的枚举类中，因此在使用时一般通过这个类去引用其中的比较运算符，比较运算符如表 8-1 所示。

表 8-1 过滤器中的比较运算符

操 作	描 述
LESS	匹配小于设定的值
LESS_OR_EQUAL	小于或者等于预设定的值
EQUAL	等于预设定的值
NOT_EQUAL	不等于预设定的值
GREATER_OR_EQUAL	大于或者等于预设定的值
GREATER	大于预设定的值
NO_OP	排除一切值

比较器是规定如何进行比较的一套类文件，不同的比较器规定了在比较时使用规则是不相同的，因此会因为使用不同的比较器而使比较结果出现较大的差异。通常使用的比较器如表 8-2 所示。

表 8-2 常用的比较器

比 较 器	描 述
BinaryComparator	小于或者等于预设定的值
BinaryPrefixComparator	等于预设定的值
NullComparator	不等于预设定的值
BitComparator	大于或者等于预设定的值
RegexStringComparator	大于预设定的值
SubstringComparator	排除一切值

过滤器能通过配置 Get 和 Scan 对象进行使用，通过函数设置相应的过滤器。在发送 Get 或者 Scan 请求以后，其对象会经过序列化被传送到相应的 region 服务器中，这时过滤器对象也会被序列化后传入相应的 region 服务器中，从而在 region 服务器端起到过滤数据的作用。

8.1.2 比较过滤器

HBase 提供了一种专门用于比较的过滤器，如表 8-3 所示。通过比较运算符与比较类来实现用户的需求，即比较过滤器 CompareFilter (CompareOp valueCompareOp, WriteByte valueCompare)。

表 8-3 HBase 提供的比较过滤器

过 滤 器	描 述
行过滤器(RowFilter)	基于行键来过滤数据
列簇过滤器(FamilyFilter)	基于列簇来过滤数据
列名过滤器(QualifierFilter)	基于列名来过滤数据
值过滤器(ValueFilter)	基于数值来过滤数据
参考列过滤器(DependentColumnFilter)	允许用户指定一个参考列或引用列，并使用参考列控制其他列的过滤

【代码实例1】

```
public void hbase_compareFilter()throws IOException {
    Configuration conf = HBaseConfiguration.create();
    conf.set("hbase.zookeeper.quorum", "main1");
    HTable table = new HTable(conf, "test");
    System.out.println("RowFilter result:...");
    Scan scan1 = new Scan();①
    Filter filter1 = new RowFilter(CompareFilter.CompareOp.LESS_OR_EQUAL,
new BinaryComparator(row2));②
    scan1.setFilter(filter1);③
    ResultScanner scanner1 = table.getScanner(scan1);
    for(Result res : scanner1){ System.out.println(res); }④
    scanner1.close();
    System.out.println("FamilyFilter result:...");
```

```java
    Scan scan2 = new Scan();
    Filter filter2 = new FamilyFilter(CompareFilter.CompareOp.LESS,
new BinaryComparator(c2));⑤
    scan2.setFilter(filter2);
    ResultScanner scanner2 = table.getScanner(scan2);
    for(Result res : scanner2){ System.out.println(res); }
    scanner2.close();
    System.out.println("QualifierFilter result:...");
    Scan scan3 = new Scan();
    Filter filter3 = new QualifierFilter(CompareFilter.CompareOp.LESS_OR_EQUAL,
new BinaryComparator(q1));⑥
    scan3.setFilter(filter3);
    ResultScanner scanner3 = table.getScanner(scan3);
    for(Result res : scanner3){ System.out.println(res); }
    scanner3.close();
    System.out.println("ValueFilter result:...");
    Scan scan4 = new Scan();
    Filter filter4 = new ValueFilter(CompareFilter.CompareOp.EQUAL,
new SubstringComparator("3"));⑦
    scan4.setFilter(filter4);
    ResultScanner scanner4 = table.getScanner(scan4);
    for(Result res : scanner4){
        for(KeyValue kv : res.raw()){⑧
            System.out.println("KV: " + kv + ",Value: " + Bytes.toString(kv.getValue()));
        }
    }
    scanner4.close();
}
```

其中，①创建 Scan 实例并指定；②创建一个行过滤器，指定比较运算符（小于或等于）及比较器（行键 row2）；③将过滤器加入 Scan 实例；④对 HBase 表进行扫描操作，并打印出过滤后的结果；⑤创建一个列簇过滤器，指定比较运算符（小于）及比较器（列簇 col2）；⑥创建一个列名过滤器，指定比较运算符（小于或等于）及比较器（列名 q1）；⑦创建一个值过滤器，指定比较运算符（小于）及比较器（数值子串含 3）；⑧将获得的结果的存储信息及数值输出，如图 8-1 和图 8-2 所示。

```
hbase(main):130:0> scan 'test'
ROW                       COLUMN+CELL
 row1                     column=col1:q2, timestamp=1490671281055, value=v2
 row1                     column=col2:q1, timestamp=1490671281055, value=v1
 row2                     column=col1:q1, timestamp=1490671281055, value=v3
 row2                     column=col2:q1, timestamp=1490683282570, value=v6
 row3                     column=col2:q1, timestamp=1490671281055, value=v4
 row4                     column=col1:q1, timestamp=1490669339954, value=v5
 row4                     column=col2:q1, timestamp=1490855618097, value=v3
4 row(s) in 0.0240 seconds
```

图 8-1　存储数据

```
RowFilter result:..........
keyvalues={row1/col1:q2/1490671281055/Put/vlen=2/seqid=0, row1/col2:q1/1490671281055/Put/vlen=2/seqid=0}
keyvalues={row2/col1:q1/1490671281055/Put/vlen=2/seqid=0, row2/col2:q1/1490683282570/Put/vlen=2/seqid=0}
FamilyFilter result:..........
keyvalues={row1/col1:q2/1490671281055/Put/vlen=2/seqid=0}
keyvalues={row2/col1:q1/1490671281055/Put/vlen=2/seqid=0}
keyvalues={row4/col1:q1/1490669339954/Put/vlen=2/seqid=0}
QualifierFilter result:..........
keyvalues={row1/col2:q1/1490671281055/Put/vlen=2/seqid=0}
keyvalues={row2/col1:q1/1490671281055/Put/vlen=2/seqid=0, row2/col2:q1/1490683282570/Put/vlen=2/seqid=0}
keyvalues={row3/col2:q1/1490671281055/Put/vlen=2/seqid=0}
keyvalues={row4/col1:q1/1490669339954/Put/vlen=2/seqid=0, row4/col2:q1/1490855618097/Put/vlen=2/seqid=0}
ValueFilter result:..........
KV: row2/col1:q1/1490671281055/Put/vlen=2/seqid=0, Value: v3
KV: row4/col2:q1/1490855618097/Put/vlen=2/seqid=0, Value: v3
```

图 8-2　程序执行结果

8.1.3　专用过滤器

HBase 提供的专用过滤器直接继承自 FilterBase，其中一些过滤器只做行筛选，因此只适合于扫描操作。对于 Get 操作，这些过滤器限制得更苛刻，包含整行，或者什么都不包含，如表 8-4 所示。

表 8-4　HBase 提供的专用过滤器

过滤器	描述
单列值过滤器（SingleColumnValueFilter）	基于参考列来过滤数据，只保留包含参考列的行
单列排除过滤器（SingleColumnValueExcludeFilter）	与前者相似，只过滤包含参考列的行
前缀过滤器（PrefixFilter）	基于所传入前缀值来过滤数据
分页过滤器（PageFilter）	基于分页数将结果数据按行分页
行键过滤器（KeyOnlyFilter）	允许用户只获取结果中 KeyValue 实例的键，不需要返回实际的数据
首次行键过滤器（FirstKeyOnlyFilter）	满足用户访问一行中的第一列需求
包含结束的过滤器（InclusiveStopFilter）	将扫描的起始行到终止行的数据全部包含到结果中
时间戳过滤器（TimestampsFilter）	用户可以对扫描结果的版本细粒度做控制
列计数过滤器（ColumnCountGetFilter）	限制每行取回的最大列数
列分页过滤器（ColumnPaginationFilter）	基于分页数将结果数据按列分页
随机行过滤器（RandomRowFilter）	基于设定的 chance 值来决定结果中的一行是否被过滤

【代码实例 2】

```
public void hbase_SpecailCompareFilter()throws IOException {
  Configuration conf = HBaseConfiguration.create();
  conf.set("hbase.zookeeper.quorum", "main1");
  HTable table = new HTable(conf, "test");
```

```
System.out.println("--------------SingleColumnValueFilter 
result:---------------");
Scan scan1 = new Scan();
SingleColumnValueExcludeFilter filter1 = new SingleColumnValueExcludeFilter(c2,
q1,CompareFilter.CompareOp.LESS_OR_EQUAL,new SubstringComparator("3"));
filter1.setFilterIfMissing(true);①
scan1.setFilter(filter1);
ResultScanner scanner1 = table.getScanner(scan1);
for(Result res : scanner1){②
  for(KeyValue kv : res.raw()){
    System.out.println("KV: " + kv + ",Value: " + System.out.println("---------
------ PrefixFilter result:---------------");
    Scan scan2 = new Scan();
    Filter filter2 = new PrefixFilter(row2);③
    scan2.setFilter(filter2);
    ResultScanner scanner2 = table.getScanner(scan2);
    for(Result res : scanner2){
      for(KeyValue kv : res.raw()){
        System.out.println("KV: " + kv + ",Value: " + Bytes.toString(kv.getValue
())));
      }
    }
    scanner2.close();
}
System.out.println("-------------PageFilter result:-------------");
Filter filter3 = new PageFilter(3);④
int totalRows = 0;
byte[] lastRow = null;
int page = 1;

while(true) {⑤
  Scan scan3 = new Scan();
  scan3.setFilter(filter3);
  if(lastRow != null){
    byte[] startRow = Bytes.add(lastRow,c1);
    System.out.println("Page " + page+++ "...");
    scan3.setStartRow(startRow);
  }
  ResultScanner scanner3 = table.getScanner(scan3);
  int localRows = 0;
  Result res;
  while((res = scanner3.next())!= null)
  {⑥
    System.out.println(localRows+++ ": " + res);
    totalRows++;
    lastRow = res.getRow();
  }
  scanner3.close();
  if(localRows == 0) break;
}
System.out.println("total rows: " + totalRows + ";total pages: " + (page - 1));
System.out.println("---------InclusiveStopFilter result:---------");
Scan scan4 = new Scan();
Filter filter4 = new InclusiveStopFilter(row3);
```

```
            scan4.setStartRow(row2);
            scan4.setFilter(filter4);⑦
            ResultScanner scanner4 = table.getScanner(scan4);
            for(Result res : scanner4){
              System.out.println(res);
            }
            scanner4.close();
        }
    }
```

其中,①创建一个单列值过滤器,过滤列簇 col2 列名为 q1 的数据;②对 HBase 表进行扫描操作,并打印出过滤后的结果;③创建一个前缀过滤器,过滤前缀为 row2 的数据;④创建一个分页过滤器,将数据过滤为每 3 条处于同 1 页;⑤迭代重置扫描起始行来扫描全表数据;⑥将每次扫描的 1 页数据输出;⑦创建包含结束的过滤器,从 row2 扫描到 row3,如图 8-3 和图 8-4 所示。

```
hbase(main):131:0> scan 'test'
ROW                     COLUMN+CELL
 row1                   column=col1:q2, timestamp=1490671281055, value=v2
 row1                   column=col2:q1, timestamp=1490671281055, value=v1
 row2                   column=col1:q1, timestamp=1490671281055, value=v3
 row2                   column=col2:q1, timestamp=1490683282570, value=v6
 row3                   column=col2:q1, timestamp=1490671281055, value=v4
 row4                   column=col1:q1, timestamp=1490669339954, value=v5
 row4                   column=col2:q1, timestamp=1490855618097, value=v3
4 row(s) in 0.0330 seconds
```

图 8-3　原始存储数据

```
log4j:WARN No appenders could be found for logger (org.apache.hadoop.metrics2.lib.MutableMetricsFactory).
log4j:WARN Please initialize the log4j system properly.
log4j:WARN See http://logging.apache.org/log4j/1.2/faq.html#noconfig for more info.
---------------SingleColumnValueFilter result:---------------
KV: row1/col1:q2/1490671281055/Put/vlen=2/seqid=0, Value: v2
KV: row2/col1:q1/1490671281055/Put/vlen=2/seqid=0, Value: v3
KV: row4/col1:q1/1490669339954/Put/vlen=2/seqid=0, Value: v5
---------------PrefixFilter result:---------------
KV: row2/col1:q1/1490671281055/Put/vlen=2/seqid=0, Value: v3
KV: row2/col2:q1/1490683282570/Put/vlen=2/seqid=0, Value: v6
---------------PageFilter result:---------------
0: keyvalues={row1/col1:q2/1490671281055/Put/vlen=2/seqid=0, row1/col2:q1/1490671281055/Put/vlen=2/seqid=0}
1: keyvalues={row2/col1:q1/1490671281055/Put/vlen=2/seqid=0, row2/col2:q1/1490683282570/Put/vlen=2/seqid=0}
2: keyvalues={row3/col2:q1/1490671281055/Put/vlen=2/seqid=0}
Page 1.....
0: keyvalues={row4/col1:q1/1490669339954/Put/vlen=2/seqid=0, row4/col2:q1/1490855618097/Put/vlen=2/seqid=0}
Page 2.....
total rows: 4;total pages: 2
---------------InclusiveStopFilter result:---------------
keyvalues={row2/col1:q1/1490671281055/Put/vlen=2/seqid=0, row2/col2:q1/1490683282570/Put/vlen=2/seqid=0}
keyvalues={row3/col2:q1/1490671281055/Put/vlen=2/seqid=0}
```

图 8-4　程序执行结果

8.1.4 附加过滤器

HBase 提供的过滤器已经十分强大了,但有时仍无法满足要求。附加过滤器正好提供了相应的补充特殊功能,额外的控制不依赖于过滤器自身,却可以应用在其他过滤器中,见表 8-5。

表 8-5 附加过滤器

过 滤 器	描 述
跳转过滤器(SkipFilter)	允许用户在遇到一个需要过滤的 KeyValue 实例时,可以过滤整行数据
全匹配过滤器(WhileMatchFilter)	遇到一条数据被过滤时,它会放弃后面的扫描

【代码实例 3】

```
public void hbase_AdditionCompareFilter()throws IOException {
  Configuration conf = HBaseConfiguration.create();
  conf.set("hbase.zookeeper.quorum", "main1");
  HTable table = new HTable(conf, "test");
  System.out.println("------------SkipFilter result:------------");
  Scan scan1 = new Scan();
  Filter filter1 = new ValueFilter(CompareFilter.CompareOp.NOT_EQUAL,
new BinaryComparator(v1));①
  scan1.setFilter(filter1);
  ResultScanner scanner1 = table.getScanner(scan1);
  for(Result res : scanner1){
      for(KeyValue kv : res.raw()){
          System.out.println("KV: " + kv + ",Value: " + Bytes.toString(kv.getValue
()));
      }
  }
  scanner1.close();
  System.out.println("......Skip......");
  Filter filter2 = new SkipFilter(filter1);②
  scan1.setFilter(filter2);
  ResultScanner scanner2 = table.getScanner(scan1);
  for(Result res : scanner2){
      for(KeyValue kv : res.raw()){
          System.out.println("KV: " + kv + ",Value: " +
Bytes.toString(kv.getValue()));
      }
  }
  scanner2.close();
  System.out.println("---------- WhileMatchFilter result:----------");
  Scan scan2 = new Scan();
  Filter filter3 = new RowFilter(CompareFilter.CompareOp.NOT_EQUAL,
new BinaryComparator(row2));③
  scan2.setFilter(filter3);
```

```
    ResultScanner scanner3 = table.getScanner(scan2);
    for(Result res : scanner3){
        for(KeyValue kv : res.raw()){
            System.out.println("KV: " + kv + ",Value: " + Bytes.toString(kv.getValue
()));
        }
    }
    scanner3.close();
    System.out.println("......WhileMatch......");
    Filter filter4 = new WhileMatchFilter(filter3);④
    scan2.setFilter(filter4);
    ResultScanner scanner4 = table.getScanner(scan2);
    for(Result res : scanner4){
        for(KeyValue kv : res.raw()){
            System.out.println("KV: " + kv + ",Value: " + Bytes.toString(kv.getValue
()));
        }
    }
    scanner4.close();
}
```

其中，①创建一个值过滤器，找出数值是 v1 的数据，并输出，如图 8-5 所示；②添加一个跳转过滤器到扫描中，过滤包含空行的数据；③创建一个行过滤器，过滤前缀为 row2 的数据；④创建一个全匹配过滤器，过滤出前缀为 row2 的数据所在行之前的所有行数据，如图 8-6 所示。

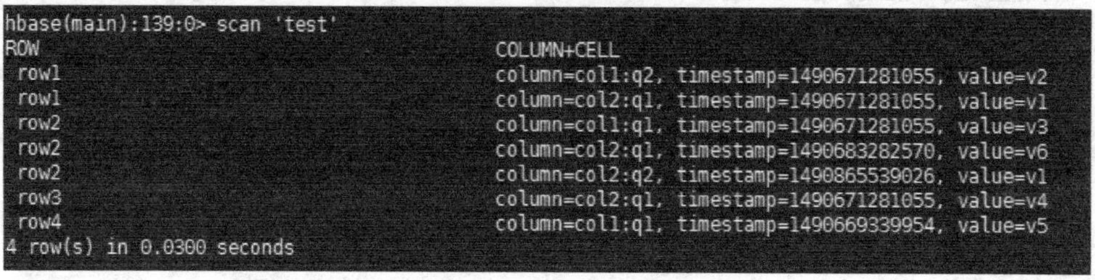

```
hbase(main):139:0> scan 'test'
ROW                           COLUMN+CELL
 row1                         column=col1:q2, timestamp=1490671281055, value=v2
 row1                         column=col2:q1, timestamp=1490671281055, value=v1
 row2                         column=col1:q1, timestamp=1490671281055, value=v3
 row2                         column=col2:q1, timestamp=1490683282570, value=v6
 row2                         column=col2:q2, timestamp=1490865539026, value=v1
 row3                         column=col2:q1, timestamp=1490671281055, value=v4
 row4                         column=col1:q1, timestamp=1490669339954, value=v5
4 row(s) in 0.0300 seconds
```

图 8-5　原始存储数据

到目前为止，HBase 提供了各式各样的过滤器给用户使用。实际应用中，用户通常需要多个过滤器来共同限制返回结果。为了满足这个需求，HBase 特意提供了 FilterList 来实现功能。

用户可以使用以下构造器创建相应实例，如表 8-6 所示。

表 8-6　FilterList 过滤器

方　法	描　述
FilterList(List＜Filter＞ rowFilters)	rowFilters：列表形式
FilterList(Operator operator)	operator：组合结果
FilterList(Operator operator,List＜Filter＞ rowFilters)	参数意义同上

```
"C:\Program Files\Java\jdk1.7.0_80\bin\java" ...
log4j:WARN No appenders could be found for logger (org.apache.hadoop.metrics2.lib.MutableMetricsFactory).
log4j:WARN Please initialize the log4j system properly.
log4j:WARN See http://logging.apache.org/log4j/1.2/faq.html#noconfig for more info.
---------------SkipFilter result:---------------
KV: row1/col1:q2/1490671281055/Put/vlen=2/seqid=0,Value: v2
KV: row2/col1:q1/1490671281055/Put/vlen=2/seqid=0,Value: v3
KV: row2/col2:q1/1490683282570/Put/vlen=2/seqid=0,Value: v6
KV: row3/col2:q1/1490671281055/Put/vlen=2/seqid=0,Value: v4
KV: row4/col1:q1/1490669339954/Put/vlen=2/seqid=0,Value: v5
......Skip......
KV: row3/col2:q1/1490671281055/Put/vlen=2/seqid=0,Value: v4
KV: row4/col1:q1/1490669339954/Put/vlen=2/seqid=0,Value: v5
---------------WhileMatchFilter result:---------------
KV: row1/col1:q2/1490671281055/Put/vlen=2/seqid=0,Value: v2
KV: row1/col2:q1/1490671281055/Put/vlen=2/seqid=0,Value: v1
KV: row3/col1:q1/1490671281055/Put/vlen=2/seqid=0,Value: v4
KV: row4/col1:q1/1490669339954/Put/vlen=2/seqid=0,Value: v5
......WhileMatch......
KV: row1/col1:q2/1490671281055/Put/vlen=2/seqid=0,Value: v2
KV: row1/col2:q1/1490671281055/Put/vlen=2/seqid=0,Value: v1
```

图 8-6 程序执行结果

其中，operator 有 MUST_PASS_ALL（默认值）和 MUST_PASS_ONE 两种赋值。前者为当所有过滤器都包含某值时，才会不忽略该值；后者为当一个过滤器允许某值时，该值就会被包含在结果中。

在成功创建 FilterList 实例后，HBase 还提供了下面的方法来添加过滤器。

Void addFilter(Filter filter)

用户可以随意地向已经存在的 FilterList 实例添加 Filter 实例，并且通过控制 List 中过滤器的顺序来进一步精确控制过滤器的执行顺序。

【代码实例 4】

```
public void hbase_FilterList()throws IOException {
    Configuration conf = HBaseConfiguration.create();
    conf.set("hbase.zookeeper.quorum", "main1");
    HTable table = new HTable(conf, "test");
    List<Filter> filters = new ArrayList<Filter>();①
    Filter filter1 = new RowFilter(CompareFilter.CompareOp.GREATER_OR_EQUAL,
new BinaryComparator(row2));
    filters.add(filter1);②
    Filter filter2 = new RowFilter(CompareFilter.CompareOp.LESS_OR_EQUAL,
new BinaryComparator(row3));
    filters.add(filter2);③
    Filter filter3 = new QualifierFilter(CompareFilter.CompareOp.EQUAL,
new RegexStringComparator("q1"));
    filters.add(filter3);④
    FilterList filterList1 = new FilterList(filters);⑤
```

```java
        System.out.println("------------ FilterList1 result:------------");
        Scan scan = new Scan();
        scan.setFilter(filterList1);
        ResultScanner scanner1 = table.getScanner(scan);
        for(Result res : scanner1){⑥
            for(KeyValue kv : res.raw()){
                System.out.println("KV: " + kv + ",Value: " + Bytes.toString(kv.getValue()));
            }
        }
        scanner1.close();
        System.out.println("------------ FilterList2 result:------------");
        FilterList filterList2 = new FilterList(FilterList.Operator.MUST_PASS_ONE, filters);⑦
        scan.setFilter(filterList2);
        ResultScanner scanner2 = table.getScanner(scan);
        for(Result res : scanner2){⑧
            for(KeyValue kv : res.raw()){
                System.out.println("KV: " + kv + ",Value: " + Bytes.toString(kv.getValue()));
            }
        }
        scanner2.close();
    }
```

其中,①创建列表存储 Filter 实例;②创建一个行过滤器,过滤的行键大于 row2 的数据,并将实例添加到列表中;③创建一个行过滤器,过滤的行键小于 row3 的数据,并将实例添加到列表中;④创建一个列名过滤器,过滤的列名为 q1 的数据,并将实例添加到列表中;⑤创建一个过滤器列表,将上述过滤器操作添加;⑥对 HBase 表进行过滤器列表中的所有操作,将满足所有列表的数据输出;⑦创建一个过滤器列表,将上述过滤器操作添加,并指定操作符为 MUST_PASS_ONE;⑧对 HBase 表进行过滤器列表中的所有操作,将满足任一列表的数据输出,如图 8-7 和图 8-8 所示。

```
log4j:WARN No appenders could be found for logger (org.apache.hadoop.metrics2.lib.MutableMetricsFactory).
log4j:WARN Please initialize the log4j system properly.
log4j:WARN See http://logging.apache.org/log4j/1.2/faq.html#noconfig for more info.
--------------FilterList1 result:---------------
KV: row2/col1:q1/1490671281055/Put/vlen=2/seqid=0, Value: v3
KV: row2/col2:q1/1490683282570/Put/vlen=2/seqid=0, Value: v6
KV: row3/col2:q1/1490671281055/Put/vlen=2/seqid=0, Value: v4
--------------FilterList2 result:---------------
KV: row1/col1:q2/1490671281055/Put/vlen=2/seqid=0, Value: v2
KV: row1/col2:q1/1490671281055/Put/vlen=2/seqid=0, Value: v1
KV: row2/col1:q1/1490671281055/Put/vlen=2/seqid=0, Value: v3
KV: row2/col2:q1/1490683282570/Put/vlen=2/seqid=0, Value: v6
KV: row2/col2:q2/1490865539026/Put/vlen=2/seqid=0, Value: v1
KV: row3/col2:q1/1490671281055/Put/vlen=2/seqid=0, Value: v4
KV: row4/col1:q1/1490669339954/Put/vlen=2/seqid=0, Value: v5
```

图 8-7 程序执行结果

```
hbase(main):139:0> scan 'test'
ROW                          COLUMN+CELL
 row1                        column=col1:q2, timestamp=1490671281055, value=v2
 row1                        column=col2:q1, timestamp=1490671281055, value=v1
 row2                        column=col1:q1, timestamp=1490671281055, value=v3
 row2                        column=col1:q1, timestamp=1490683282570, value=v6
 row2                        column=col1:q2, timestamp=1490865539026, value=v6
 row3                        column=col2:q1, timestamp=1490671281055, value=v4
 row4                        column=col1:q1, timestamp=1490669339954, value=v5
4 row(s) in 0.0300 seconds
```

图 8-8 原始存储数据

8.2 计 数 器

许多收集统计信息的应用都有点击流或在线广告意见，这些应用需要被收集到日志文件中用作后续的分析。用户可以使用计数器做实时统计，从而放弃延时较高的批量处理操作。

8.2.1 什么是计数器

在 HBase 中如果使用某一行的值借用 Put 操作来实现计数器功能，为了保证原子性操作，必然会导致一个客户端对计数器所在行的资源占有。在大量进行计数器操作时，则会占有大量资源，并且一旦某一客户端崩溃，将会使其他客户端进入长时间等待。于是，HBase 定义了一个计数器来满足用户需求，既避免了资源占有问题，也保证其原子性。

在 HBase 中，HBase 将某一列作为计数器来使用，因此创建计数器与创建行是相同的。创建计数器时不需要特定的创建流程，因为 HBase 的列具有动态添加的特性，使计数器与列具有相同的特性——动态添加，即在第一次使用时计数器（实质为列）隐藏地进行了创建，且初始值为 0。

计数器增加值是增加一个 long 值，其增加的值也有负有正，不同的数据进行增加时有不同的效果，如表 8-7 所示。

表 8-7 计数量增加值

增加值	描 述
大于 0	增加计数器的值
等于 0	不更改计数器的值，并得到当前值
小于 0	减少计数器的值

需要注意的是，计数器数值增加是一个 long 类型的整数变化，而不是一个字符串，有时增减一个字符串会发现结果值会突然增大很多。

HBase shell 环境也提供了计数器的操作，其命令结构为

```
incr <tablename>,<rowkey>,<column>,long n
```

8.2.2 单计数器及多计数器

单计数器即增加操作只能操作一个计数器,用户需要自己设定列,采用以下增加方法。

```
incrementColumnValue(byte[] row,byte[] family, byte[] qualifier,long amount)
incrementColumnValue(byte[] row,byte[] family, byte[] qualifier,long amount,boolean writeToWAL)
```

其中,row、family、qualifier 为列坐标,amount 为增加值。

如果 HTable 直接对计数器进行增加,可能只能增加一行;如果对一行中的多个计数器进行增加,则需要多次发送 RPC 请求。HBase 针对此种需求,特地提供了对一行中的多个计数器进行增加的 API。

```
Result increment (Increment increment)
```

其中,increment 实例可以由以下方法构造,如表 8-8 所示。

表 8-8 创建 increment 实例的方法

方法	描述
Increment()	创建一个空的计数器实例
Increment(byte[] row)	row:行键
Increment(byte[] row,RowLock rowlock)	row:行键,rowlock:锁

此外,还提供了其他的 increment 实例方法,如表 8-9 所示。

表 8-9 创建 increment 实例的其他方法

方法	描述
addColumn(byte[] family,byte[] qualifier,long amount)	向实例中增加列
setTimeRange(long minStamp,long maxStamp)	设定计数器的时间范围
getRow()	返回实例的行键值
getRowLock()	返回实例中的 RowLock 实例
getTimeRange()	返回实例的时间范围
numFamilies()	实例中 FamilyMap 大小
numColumns()	返回实例中将被处理的列数
hasFamilies()	检查是否有列或列簇存在于实例中
familySet()/getFamilyMap()	使用户可以访问 addColumn 方法添加的列。FamilyMap 中键为列簇名,对应值为列簇下列的列表

【代码实例 5】

```
public void hbase_Count()throws IOException {
    Configuration conf = HBaseConfiguration.create();
    conf.set("hbase.zookeeper.quorum", "main1");
    HTable table = new HTable(conf, "counter");
    long cnt1 = table.incrementColumnValue(Bytes.toBytes("2017"),
Bytes.toBytes("month"),Bytes.toBytes("1"),1);①
```

```
        long cnt2 = table.incrementColumnValue(Bytes.toBytes("2017"),
Bytes.toBytes("month"),Bytes.toBytes("1"),1);
        long current = table.incrementColumnValue(Bytes.toBytes("2017"),
Bytes.toBytes("month"),Bytes.toBytes("1"),0);②
        long cnt3 = table.incrementColumnValue(Bytes.toBytes("2017"),
Bytes.toBytes("month"),Bytes.toBytes("1"),- 1);③
        System.out.println("cnt1: " + cnt1 + " cnt2: " + cnt2 + " current: " + current +
" cnt3: " + cnt3);④
        Increment inc1 = new Increment(Bytes.toBytes("2017"));⑤
        inc1.addColumn(Bytes.toBytes("month"),Bytes.toBytes("1"),1);
        inc1.addColumn(Bytes.toBytes("month"),Bytes.toBytes("2"),1);
        inc1.addColumn(Bytes.toBytes("month"),Bytes.toBytes("1"),5);
        inc1.addColumn(Bytes.toBytes("month"),Bytes.toBytes("2"),3);⑥
        Result res1 = table.increment(inc1);
        for(KeyValue kv : res1.raw()){
            System.out.println("KV: " + kv + ",Value: " + Bytes.toLong(kv.getValue()));
        }
        Increment inc2 = new Increment(Bytes.toBytes("2017"));
        inc2.addColumn(Bytes.toBytes("month"),Bytes.toBytes("1"),0);
        inc2.addColumn(Bytes.toBytes("month"),Bytes.toBytes("2"),1);
        inc2.addColumn(Bytes.toBytes("month"),Bytes.toBytes("1"),5);
        inc2.addColumn(Bytes.toBytes("month"),Bytes.toBytes("2"),- 4);⑦
        Result res2 = table.increment(inc2);
        for(KeyValue kv : res2.raw()){
            System.out.println("KV: " + kv + ",Value: " + Bytes.toLong(kv.getValue()));
        }
}
```

其中，①创建一个计数器，若存在则自增 1；②创建一个计数器，若存在则读取该计数器当前值，不做自增操作；③创建一个计数器，若存在则自减 1；④输出上述操作结果；⑤创建一个多计数器实例；⑥向多计数器实例中添加实际的计数器操作，对不同计数器使用不同增加值，并输出结果；⑦向多计数器实例中添加实际的计数器操作，计数器使用正、负及零增加值，并输出结果，如图 8-9 所示。

```
log4j:WARN No appenders could be found for logger (org.apache.hadoop.metrics2.lib.MutableMetricsFactory)
log4j:WARN Please initialize the log4j system properly.
log4j:WARN See http://logging.apache.org/log4j/1.2/faq.html#noconfig for more info.
cnt1: 12 cnt2: 13 current: 13 cnt3: 12
---------------Increment1 result:---------------
KV: 2017/month:1/1490924220061/Put/vlen=8/seqid=0,Value: 13
KV: 2017/month:1/1490924220061/Put/vlen=8/seqid=0,Value: 17
KV: 2017/month:2/1490924220061/Put/vlen=8/seqid=0,Value: 0
KV: 2017/month:2/1490924220061/Put/vlen=8/seqid=0,Value: 2
---------------Increment2 result:---------------
KV: 2017/month:1/1490924220071/Put/vlen=8/seqid=0,Value: 17
KV: 2017/month:1/1490924220071/Put/vlen=8/seqid=0,Value: 22
KV: 2017/month:2/1490924220071/Put/vlen=8/seqid=0,Value: 3
KV: 2017/month:2/1490924220071/Put/vlen=8/seqid=0,Value: -2
```

图 8-9　程序执行结果

8.3 协处理器

HBase 中还有一些特性甚至可以让用户把一部分计算也移动到数据存放端,即协处理器。

8.3.1 什么是协处理器

HBase 作为列存储的数据库,很多关于统计的函数没有直接快速地计算,因此 HBase 提供了协处理器的功能,协处理提供了用户在 region 服务器端插入自己的代码,从而实现特定功能的权利。通过用户自写的协处理器,可以完成创建二级索引、行数量的统计等功能。

协处理器主要分为两类:观察者模式(obverser)和终端模式(endpoint),这两种协处理器都源于 Coprocessor 类,从而实现协处理器框架。

(1) 观察者模式:该模式提供了一个触发器,用户通过集成相应的类(BaseRegion-Obverser 等),重写其中想要实现的方法,然后将协处理器加载到表中,这时表就会通过协处理器"监听"用户预先设置的动作。一旦该动作被执行,用户所写的钩子函数就被触发,然后实现相应的功能。因为 HBase 无法直接创建二级索引,但是可以通过在观察者模式中,在每次插入一条数据项时通过自定义功能实现二级索引。

(2) 终端模式:该模式类似于关系型数据库中的存储过程,用户可以通过 RPC 请求触发终端的代码,从而实现某些功能。例如,可以在终端实现某些表行的统计。

此外,协处理器也存在执行顺序上的权限问题,可在 Coprocessor.Priority 函数中定义协处理器的级别为 SYSTEM、USER。

(1) SYSTEM 为系统级别的协处理器权限,要大于用户级别的协处理器,因此在执行协处理器的过程中,系统级协处理器优先执行,而用户级的协处理器滞后执行。

(2) 相同级别的协处理器都带有一个序号,以辨别同级别协处理器的执行顺序。

8.3.2 协处理器 API 应用

1. 协处理器的加载方式

协处理器的加载有两种方式:从配置中加载或从表描述中加载。

1) 从配置中加载

用户可以通过在 hbase-site.xml 文件中配置协处理器类的位置来添加协处理器类。在配置文件中配置项的顺序很重要,因为在配置项中的顺序是协处理器加载的顺序,也是协处理器执行的顺序,通过配置加载的协处理器在每一张表都会被应用上。在该配置文件中有几个配置选项,可以规定协处理器监听的位置,如表 8-10 所示。

表 8-10 配置选项

方法	描述
hbase.coprocessor.master.classes	master 处理,在一些 master 级别的操作,如创建表、删除表时会触发该处理器
hbase.coprocessor.region.classes	region 处理,在 region 级别的操作,例如插入、删除、获取数据的操作时可以触发这些函数
hbase.coprocessor.wal.classes	wal 日志文件处理,在 wal 操作过程中的协处理器触发函数

2) 从表描述中加载

该功能是在表的描述中为其添加一个协处理器的描述,从而将协处理器的代码传递到 region 端,但是该种方法只能为特定的某一张表添加用户定义的协处理器。

用户可以通过 HTableDescriptor.setValue()方法添加协处理器。其中,key 值必须以 COPROCESSOR 开头,通过 $＋数字规定该协处理器的序号;value 值由三部分组成,每一部分又进行分割。第一部分为类的路径,第二部分为协处理器所在的类,第三部分为协处理器的等级。

所有的协处理器都继承自同一个类 Coprecessor,因此所有的协处理器都具有相同的属性。

start(CoprocessorEnviroment env)
stop(CoprocessorEnviroment env)

在协处理器的生成周期中,start 函数启动协处理器,stop 函数则停止协处理器功能。

2. 协处理器的状态

在协处理器中定义了一个协处理器的所有状态,并且所有的状态都封装在一个枚举类 Coprocessor.State 中,如表 8-11 所示。

表 8-11 状态封装类

方 法	描 述
UNINSTALLED	协处理器的最初状态,没有环境,也没有被初始化
INSTALLED	实例装载了它的环境参数
STARTING	协处理器开始工作,也就是 start()函数将要被调用
ACTIVE	start()函数已经被调用
STOPPING	stop()函数将要被调用之前的状态
STOPPED	stop()函数被调用

观察者模式的实现是协处理器的重要一环。该模式主要分为三种类型:region 级别的观察者模式、wal 级别的观察者模式以及 master 级别的观察者模式,如表 8-12 所示。

表 8-12 三个级别的观察者模式

region 级别	提供一些针对 region 级别操作(put、get、delete 等)的函数,用户可以用这种处理器处理数据修改事件
wal 级别	提供一些针对 wal 级别操作的函数
master 级别	提供一些针对 master 级别操作(createtable、disabletable、droptable 等)的函数

实现 region 级别的观察者时需要继承一个基本类 BaseRegiobObverser,该类中已经包含所有的 region 级别的函数,用户只需要进行重写。

所有提供的函数都是以 preDo()/postDo()成对存在,例如 prePut()/postPut()函数就是成对存在。preDo()系列的函数表明在执行 Do 所执行的动作之前执行函数。postDo()系列函数表明在执行了 Do 之后执行函数。在实现时,允许只实现 preDo()或 postDo()。

【代码实例6】

```
public class RegionObserverExample extends BaseRegionObserver{
    public static final byte[] FIXED_ROW = Bytes.toBytes("@@ GETTIME@@ ");
    public void preGet(final ObserverContext<RegionCoprocessorEnvironment> e,
final Get get,final List<KeyValue> res) throws IOException{
        if(Bytes.equals(get.getRow(),FIXED_ROW)){①
            KeyValue kv = new KeyValue(get.getRow(),FIXED_ROW,FIXED_ROW,
Bytes.toBytes(System.currentTimeMillis()));
            res.add(kv);②
            e.bypass();③
        }
    }
}
```

其中,①检查请求的行键是否匹配;②创建一个特殊的 KeyValue 实例,只包含服务器的当前时间;③一个特殊的 KeyValue 被添加,之后的操作都会被跳过。

完成该操作需要把编译过的 JAR 包添加到 hbase-env.sh 的 HBASE_CLASSPATH 中,部署完成之后需要重启 HBase 使配置生效。

master 级别的观察者模式与 region 级别的模式相同,但其"监听"的对象变成了 master 级别的操作,也就是相当于 SQL 语句中的 DDL 语句。主要包括对表的一些操作对象和 region 级别的操作函数。

HBase 中也提供了一个 BaseMasterObverser 对象,该对象中也封装了所有的 DDL 操作的函数。用户只需要继承该对象,并重写相应的方法,就可实现相应的功能。其实现流程与 region 级别的流程一样。

本章小结

本章详细介绍了 HBase 为完成一些较高级的需求所提供的高阶特性,主要有以下几个方面。

(1)详细介绍了过滤器的组成结构及其作用,接着通过实例详细说明了比较过滤器、专用过滤器等多种过滤的具体用法。

(2)首先讲解了计数器的概念、作用及其简单操作构建,接着通过实例详细介绍了单计数器与多计数器的具体用法。

(3)详细介绍了协处理器的功能、分类、权限及加载等概念。接着通过实例讲解了协处理器的具体实现过程。

习 题

(1)以下( )不是 HBase 的比较运算符。
    A. LESS   B. LESS_OR_EQUAL
    C. GREATER_OR_LESS   D. EQUAL

(2) 以下（　　）不是 HBase 的过滤器。
　　A. 比较过滤器　　B. 专用过滤器　　C. 附加过滤器　　D. 判断过滤器
(3) 计数器的增加值的类型是（　　）。
　　A. long　　　　B. int　　　　C. char　　　　D. short
(4) 以下（　　）不属于观察者模式的类型。
　　A. region　　　B. WAL　　　C. observer　　D. master
(5) 怎么设置过滤器？并给出你的理由。
(6) 什么是协处理器？分为哪些类型？请详细说明。
(7) 协处理器的加载方式有哪几种？请详细说明。

第 9 章

管理 HBase

9.1 HBase 数据描述

在 HBase 中建表涉及表结构以及列簇结构的定义,这些定义关系到表和列簇内的数据如何存储以及何时存储。

9.1.1 表

在 HBase 中数据最终会存储在一张表或多张表中,使用表的主要原因是控制表中的所有列,以达到共享表内的某些特性的目的。

表描述符的构造函数如下。

```
HTableDescriptor(String name);
HTableDescriptor(byte[] name);
HTableDescriptor(HTableDescriptor desc);
```

用户可以通过表名或已有的表描述符来创建表。表名通常以 Java String 类型或 byte[] 形式进行表示。表名会作为存储系统中存储路径的一部分来使用,因此必须符合文件名规范。与 RDBMS 模型不同,HBase 列式存储格式允许用户存储大量的信息到相同的表中。

9.1.2 列簇

列簇是表中非常重要的一部分,用户可以通过以下方法来指定在表中将要使用的列簇,如表 9-1 所示。

表 9-1 列簇访问方法

方 法	描 述
void addFamily(HColumnDescriptor family)	添加列簇
boolean hasFamily(byte[] c)	检查列簇 c 是否存在
HColumnDescriptor[] getColumnFamilies()	获取所有已经存在列簇
HColumnDescriptor getFamily(byte[] c)	获取列簇 c 的列簇描述符
ColumnDescriptor removeFamily(byte[] c)	移除列簇 c

列簇定义了所有列的共享信息,并且可以通过客户端创建任意数量的列。若想定位到某一具体列,需要列簇名与列名合并在一起。

```
family(列簇名): qualifier(列名)
```

注意：列簇名与列名之间需要以"："分隔，其中列簇名字必须是可见字符，列名可以由任意二进制字符组成。

HBase 提供了以下构造函数来创建列簇。

```
HColumr1Descriptor(byte[] familyName,int maxVersions,String compression,boolean
inMemory,boolean blockCacheEnabled,int blocksize,int timeToLive,String bloomFilter,int
scope);
HColumr1Descriptor(String familyName);
HColumr1Descriptor(byte[] familyName);
HColumr1Descriptor(HColumr1Descriptor desc);
HColumr1Descriptor(byte[] familyName,int maxVersions,String compression,boolean
inMemory,boo;Lean blockCacheEnabled,int timeToLive,String bloomFilter);
```

除了构造函数，用户还可以用以下方法设置参数，但列簇名只能通过构造函数设置，如表 9-2 所示。

表 9-2 设置参数的方法

方法	描述
Byte[] getName()/String getNameAsString()	获取列簇名字，返回
Int getMaxVersions()	获取列簇所能保留的最大版本数
void setMaxVersions(int maxVersion)	设置列簇保留的最大版本数
synchronized int getBlocksize()	获取列簇存储块的大小
void setBlocksize(int s)	设置列簇存储块的大小
boolean isBlockCacheEnable()	知晓该列簇是否允许使用缓存块
void setBlockCacheEnable(boolean blockCacheEnable)	设置允许（不允许）使用缓存块
Int getTimeToTive()	获取数据的生存时间
void setTimeToLive(int timeToLive)	设置数据的生存时间
boolean isInMemory()	获取 in-memory 的属性值
void setInMemory(boolean inMemory)	设置 in-memory 的属性值
Int getScope()	知晓能否跨集群同步
void setScope(int scope)	跨集群同步开启或关闭
Static byte[] isLegalFamilyName(byte[] b)	检测是否存在列簇 b

9.1.3 属性

除了添加、设置与列簇有关的属性，HBase 同样提供了许多方法来设置表的其他属性，如表 9-3 所示。

表 9-3 设置属性的方法

方法	描述
byte[] getName()	获取列簇名字
String getNameAsString()	
void setName(byte[] name)	

续表

方法	描述
Long getMaxFileSize()	获取表中 region 设置的大小
void setMaxFileSize(long maxFileSize)	设置表中 region 的大小
boolean isReadOnly()	获取只读参数的属性值
void setReadOnly(boolean readOnly)	设置只读参数的值
long getMemStoreFlushsize()	获取写缓冲区的大小
void setMemStoreFlushsize(long memStoreFlushsize)	设置写缓冲区的大小
synchronized boolean isDeferredLogFlush()	获取延时日志刷写的开启状态
void setDeferredLogFlush(boolean isDeferredLogFlush)	开启或关闭延时日志刷写

9.2 表管理 API

9.2.1 基础操作

客户端提供了 HBaseAdmin 类来实现建表、创建列簇、检查表是否存在、修改表结构等功能。

进行其他表操作的前提是首先实例化 HBaseAdmin 类，其构造函数为

```
HBaseAdmin(Configuration conf)
```

考虑到安全和效率，具有管理功能的 API 实例应该在使用后进行销毁，HBaseAdmin 类实例也不例外。为此，HBaseAdmin 类实现了一个 Abortable 接口的方法。

```
void abort(String why,Throwable e)
```

除了这两个方法，HBaseAdmin 类还有以下接口，如表 9-4 所示。

表 9-4 HBaseAdmin 类提供的接口

方法	描述
HMasterInterface getMaster() throws MasterNotRunningException,ZooKeeperConnectionException	获取 master 远程对象
boolean isMasterRunning()	检查 master 运行状态
HConnection getConnection()	获取连接实例
Configuration getConfiguration()	访问 HBaseAdmin 的配置实例
close()	关闭 HBaseAdmin 实例

实现 HBaseAdmin 实例后，用户就可以着手进行表的各类操作。其中，首要的就是建表。HBase 提供的建表方法如下。

```
void createTable(HTableDescriptor desc)
void createTable (HTableDescriptor desc, byte [ ] startKey, byte [ ] endKey, int numRegions)
```

```
void createTable(HTableDescriptor desc, byte[][] splitKeys)
void createTableAsync(HTableDescriptor desc, byte[][] splitKeys)
```

第一个方法相对简单,只创建一个表,这个表没有任何 region。后两个函数是创建表同时分配好指定数量的 region。

完成建表后,用户就可以对该表进行一系列操作,如表 9-5 所示。

表 9-5 表操作的方法

方　　法	描　　述
boolean tableExists(String table)	检查表 table 是否存在
boolean tableExists(byte[] table)	
HTableDescriptor[] listTables()	获取所有的已创建表
HTableDescriptor getTableDescriptor(byte[] table)	获取表 table 的表描述符

对于一个创建好的表,用户还可以对其状态进行操作,如启用、禁用及检查等。对表的状态改变与用户对表的操作有关。一个启用状态下的表,用户是无法对其进行删除或修改其表结构,如表 9-6 所示。

表 9-6 表状态操作方法

方　　法	描　　述
void disableTable(String table)	禁用表 table
void disableTable(byte[] table)	
void disableTableAsync(String table)	
void disableTableAsync(byte[] table)	
void enableTable(String table)	启用表 table
void enableTable(byte[] table)	
void enableTableAsync(String table)	
void enableTableAsync(byte[] table)	
void isTableEnable(String table)	检查表 table 是否被启用
void isTableEnable(byte[] table)	
void isTableDisabled(String table)	检查表 table 是否被禁用
void isTableDisabled(byte[] table)	
void isTableAvailable(String table)	检查表 table 是否存在
void isTableAvailable(byte[] table)	

明确已经存在表的状态,并将其设置为禁用状态后,用户就可以对其进行删除及修改表结构操作。HBase 提供的方法如表 9-7 所示。

表 9-7 修改、删除表的方法

方　　法	描　　述
void deleteTable(String table)	删除表 table
void deleteTable(byte[] table)	
void modifyTable(byte[] table, HTableDescriptor des)	按 des 中结构修改表 table

modifyTable 方法中,需要先实例化一个 HTableDescriptor 实例,再对此实例进行结构修改。同样,HBase 也提供了 HTableDescriptor 实例修改的方法,如表 9-8 所示。

表 9-8　HTableDescriptor 实例的方法

方　　法	描　　述
void addColumn(byte[] table,HColumnDescriptor des)	HTableDescriptor 实例增加一个列簇
void addColumn(String table,HColumnDescriptor des)	
void deleteColumn(byte[] table,byte[] column)	HTableDescriptor 实例删除一个列簇
void deleteColumn(String table,String column)	
void modifyColumn(byte[] table,HColumnDescriptor des)	HTableDescriptor 实例修改一个列簇
void modifyColumn(String table,HColumnDescriptor des)	

【代码实例 1】

```
public void hbase_admin()throws IOException {
    Configuration conf = HBaseConfiguration.create();
    conf.set("hbase.zookeeper.quorum", "main1");
    HBaseAdmin admin = new HBaseAdmin(conf);
    HTableDescriptor desc = new HTableDescriptor(tad);①
    HColumnDescriptor coldesc = new HColumnDescriptor(c1);
    desc.addFamily(coldesc);②
    boolean avail = admin.tableExists(tad);③
    System.out.println("Table available: " + avail);
    admin.createTable(desc);④
    boolean availab = admin.tableExists(tad);
    System.out.println("Table available: " + availab);⑤
    HTableDescriptor[] tdesc = admin.listTables();
    for(HTableDescriptor td : tdesc){⑥
        System.out.println(td);
    }
    HTableDescriptor td = admin.getTableDescriptor(tad);
    System.out.println(td);⑦
    try{⑧
        admin.deleteTable(tad);
    } catch (IOException event){
        System.err.println("Delete Error: " + event.getMessage());
    }
    admin.disableTable(tad);⑨
    boolean isDb = admin.isTableDisabled(tad);⑩
    boolean isAl = admin.isTableAvailable(tad);⑪
    System.out.println("Disable: " + isDb + ";Available: " + isAl);
    admin.deleteTable(tad);⑫
    boolean isAl2 = admin.isTableAvailable(tad);
```

```
        System.out.println("Available: " + isAl2);⑬
        admin.createTable(desc);
        boolean isEb = admin.isTableEnabled(tad);⑭
        System.out.println("Enabled: " + isEb);
        HColumnDescriptor coldesc2 = new HColumnDescriptor(c2);
        td.addFamily(coldesc2);
        td.setMaxFileSize(1024 * 1024 * 1204L);⑮
        admin.disableTable(tad);
        admin.modifyTable(tad,td);
        admin.enableTable(tad);⑯
        HTableDescriptor td3 = admin.getTableDescriptor(tad);
        System.out.println("Is equals: " + td.equals(td3));
        System.out.println("New schema: " + td3);⑰
    }
```

其中,①创建表描述符;②添加列簇描述符到表描述符中;③检查表是否存在,若不存在输出 false,如图 9-1 所示;④使用 createTable()方法建表;⑤再次检查表是否存在,因为表已经建好,故输出 true;⑥获取所有表的描述符并输出其中信息;⑦获取表 tad 的表描述符并输出;⑧尝试删除一个被启用的表,捕获异常信息并输出;⑨将表 tad 的状态设置为禁用;⑩检查表是否被禁用;⑪检查表是否存在;⑫将表 tad 删除;⑬重新检查表是否存在,并将信息输出,如图 9-2 所示;⑭检查表是否被启用;⑮对表结构增加列簇,并修改最大文件限制属性;⑯先禁用表,再修改表,最后启用表;⑰检查表结构是否已经被修改成功。

```
"C:\Program Files\Java\jdk1.7.0_80\bin\java" ...
log4j:WARN No appenders could be found for logger (org.apache.hadoop.metrics2.lib.MutableMetricsFactory).
log4j:WARN Please initialize the log4j system properly.
log4j:WARN See http://logging.apache.org/log4j/1.2/faq.html#noconfig for more info.
Table available: false
Table available: true
'test', {NAME => 'col1', DATA_BLOCK_ENCODING => 'NONE', BLOOMFILTER => 'ROW', REPLICATION_SCOPE => '0', VERSIONS => '1', COMPI
'testAdmin', {NAME => 'col1', DATA_BLOCK_ENCODING => 'NONE', BLOOMFILTER => 'ROW', REPLICATION_SCOPE => '0', VERSIONS => '1',
'testAdmin', {NAME => 'col1', DATA_BLOCK_ENCODING => 'NONE', BLOOMFILTER => 'ROW', REPLICATION_SCOPE => '0', VERSIONS => '1',
Delete Error: testAdmin
Disable: true;Available: true
Available: false
Enabled: true
Is equals: true
New schema: 'testAdmin', {TABLE_ATTRIBUTES => {MAX_FILESIZE => '1262485504'}, {NAME => 'col1', DATA_BLOCK_ENCODING => 'NONE',
```

图 9-1　程序执行结果

9.2.2　集群管理

除了之前的基础操作,客户端还通过 HBaseAdmin 类提供了对集群的管理操作,包含对集群状态的查看,执行表级任务,以及对 region 服务器的管理等。HBase 所提供的方法如表 9-9 所示。

```
hbase(main):122:0> list
TABLE
test
1 row(s) in 0.0100 seconds

=> ["test"]
hbase(main):123:0> list
TABLE
test
testAdmin
2 row(s) in 0.0110 seconds

=> ["test", "testAdmin"]
hbase(main):124:0>
```

图 9-2 程序执行前后数据存储结果

表 9-9 HBase 提供的集群操作方法

方　　法	描　　述
Static void checkHBaseAvailable(Configuration conf)	验证客户端能否与 HBase 集群通信
ClusterStatus getClusterStatus()	查询集群状态信息
void closeRegion(String regionName, String hostandPort)	关闭 region 服务器中特定的 region
void closeRegion(byte[] regionName, String hostandPort)	
void flush(byte[] tableNameOrRegionName)	将 region 中的数据刷写到磁盘中
void flush(String tableNameOrRegionName)	
void compact(byte[] tableNameOrRegionName)	合并文件
void compact(String tableNameOrRegionName)	
void majorCompact(byte[] tableNameOrRegionName)	与 compact 方法类似，只是在后台队列操作
void majorCompact(String tableNameOrRegionName)	
void split(String tableNameOrRegionName)	拆分 region 或整表
void split(byte[] tableNameOrRegionName)	
void split(String tableNameOrRegionName, String splitPoint)	按照行键 splitPoint 拆分 region 或整表
void split(byte[] tableNameOrRegionName, byte[] splitPoint)	
void assign(byte[] region, boolean force)	将 region 在 region 服务器中上线
void unassign(byte[] region, boolean force)	将 region 在 region 服务器中下线
void move(byte[] region, byte[] DesRegion)	将 region 从当前的 region 服务器移动至目标服务器
boolean balanceSwitch(boolean b)	开启/关闭 region 的负载均衡算法
boolean balancer()	对每台 region 服务器中上线的 region 进行负载均衡算法处理
void shutdown()	关闭集群
Void stopMaster()	关闭 master 节点
void stopRegionServer(String hostNamePort)	关闭 region 服务器 hostNamePort

【代码实例 2】

```
public void hbase_Hadmin()throws IOException {
    Configuration conf = HBaseConfiguration.create();
    conf.set("hbase.zookeeper.quorum", "main1");
```

```java
        HBaseAdmin admin = new HBaseAdmin(conf);
        ClusterStatus status = admin.getClusterStatus();①
        System.out.println("Cluster Status:\n-----------");
        System.out.println("HBase Version: " + status.getHBaseVersion());
        System.out.println("Version: " + status.getVersion());
        System.out.println("No. Live Servers: " + status.getServersSize());
        System.out.println("Cluster ID: " + status.getClusterId());
        System.out.println("Servers: " + status.getServers());
        System.out.println("No. Dead Servers: " + status.getDeadServers());
        System.out.println("Dead Servers: " + status.getDeadServerNames());
        System.out.println("No. Regions: " + status.getRegionsCount());
        System.out.println("Regions in Transition: " +
status.getRegionsInTransition());
        System.out.println("No. Requests: " + status.getRequestsCount());
        System.out.println("Avg Load: " + status.getAverageLoad());
        System.out.println("\nServer Info\n-------------");
        for(ServerName server : status.getServers()){②
            System.out.println("Hostname: " + server.getHostname());
            System.out.println("Host and Port: " + server.getHostAndPort());
            System.out.println("Server name: " + server.getServerName());
            System.out.println("RPC Port: " + server.getPort());
            System.out.println("Start Code: " + server.getStartcode());
            ServerLoad load = status.getLoad(server);③
            System.out.println("\nServer Load:\n--------------");
            System.out.println("Load: " + load.getLoad());
            System.out.println("Max HeaP(MB): " + load.getMaxHeapMB());
            System.out.println("Memstore Size(MB): " + load.getMemstoreSizeInMB());
            System.out.println("No. Regions: " + load.getNumberOfRegions());
            System.out.println("No. Requests: " + status.getRequestsCount());
            System.out.println("Storefile Index Size(MB): " +
load.getStorefileIndexSizeInMB());
            System.out.println("No. Storefiles: " + load.getStorefiles());
            System.out.println("Storefile Size(MB): " + load.getStorefileSizeInMB());
            System.out.println("Used Heap(MB): " + load.getUsedHeapMB());
            System.out.println("\nRegion Load:\n--------------");
            for(Map.Entry<byte[],RegionLoad> entry : load.getRegionsLoad().entrySet())
            { ④
                System.out.println("Region: " + Bytes.toStringBinary(entry.getKey()));
                RegionLoad regionLoad = entry.getValue();⑤
                System.out.println("Name: " +
Bytes.toStringBinary(regionLoad.getName()));
                System.out.println("No. Stores: " + regionLoad.getStores());
                System.out.println("No. Storefiles: " + regionLoad.getStorefiles());
                System.out.println("Storefile Size(MB): " +
regionLoad.getStorefileSizeMB());
                System.out.println("Storefile Index Size(MB): " +
regionLoad.getStorefileIndexSizeMB());
                System.out.println("Memstore Size(MB): " +
regionLoad.getMemStoreSizeMB());
                System.out.println("No. Requests: " + regionLoad.getRequestsCount());
                System.out.println("No. Read Requests: " +
```

```
            regionLoad.getReadRequestsCount());
                    System.out.println("No. Write Requests: " +
regionLoad.getWriteRequestsCount());
                    System.out.println();
                }
            }
        }
```

其中，①获取集群状态；②迭代输出所有服务器信息；③获取当前服务器负载信息；④迭代当前服务器所有 region 信息；⑤获取当前 region 负载信息。

运行结果如图 9-3 所示。

```
log4j:WARN No appenders could be found for logger (org.apache.hadoop.metrics2.lib.MutableMetricsFactory)
log4j:WARN Please initialize the log4j system properly.
log4j:WARN See http://logging.apache.org/log4j/1.2/faq.html#noconfig for more info.
Cluster Status:
---------------
HBase Version: 1.1.5
Version: 2
No. Live Servers: 3
Cluster ID: c746ed62-3b63-4153-828f-dcc43e8f9c4b
Servers: [main3,16020,1480668760337, main2,16020,1480668759225, main4,16020,1480668757906]
No. Dead Servers: 0
Dead Servers: []
No. Regions: 4
Regions in Transition: {}
No. Requests: 0
Avg Load: 1.3333333333333333
Server Info
---------------
Hostname: main3
Host and Port: main3:16020
Server name: main3,16020,1480668760337
RPC Port: 16020
Start Code: 1480668760337

Server Load:
---------------
Load: 1
Max Heap(MB): 15944
Memstore Size(MB): 0
No. Regions: 1
No. Requests: 0
Storefile Index Size(MB): 0
No. Storefiles: 1
Storefile Size(MB): 0
Used Heap(MB): 97
Region Load:
---------------
Region: hbase:namespace,,1480668767027.7c443803a47f9c76fb3fc36cfbf412e9.
Name: hbase:namespace,,1480668767027.7c443803a47f9c76fb3fc36cfbf412e9.
No. Stores: 1
No. Storefiles: 1
```

图 9-3　代码运行情况

```
Storefile Size(MB): 0
Storefile Index Size(MB): 0
Memstore Size(MB): 0
No. Requests: 0
No. Read Requests: 0
No. Write Requests: 0

Hostname: main2
Host and Port: main2:16020
Server name: main2,16020,1480668759225
RPC Port: 16020
Start Code: 1480668759225

Server Load:
----------------
Load: 1
Max Heap(MB): 2969
Memstore Size(MB): 0
No. Regions: 1
No. Requests: 0
Storefile Index Size(MB): 0
No. Storefiles: 4
Storefile Size(MB): 0
Used Heap(MB): 21

Region Load:
----------------
Region: test,,1490669323198.2a34669cb27eaedcebb13f4ecdf8c171.
Name: test,,1490669323198.2a34669cb27eaedcebb13f4ecdf8c171.
No. Stores: 2
No. Storefiles: 4
Storefile Size(MB): 0
Storefile Index Size(MB): 0
Memstore Size(MB): 0
No. Requests: 385
No. Read Requests: 265
No. Write Requests: 120

Hostname: main4
Host and Port: main4:16020
Server name: main4,16020,1480668757906
RPC Port: 16020
Start Code: 1480668757906

Server Load:
----------------
Load: 2
Max Heap(MB): 15944
Memstore Size(MB): 0
No. Regions: 2
No. Requests: 0
Storefile Index Size(MB): 0
No. Storefiles: 2
Storefile Size(MB): 0
Used Heap(MB): 213
```

图 9-3(续)

```
Region Load:
---------------
Region: hbase:meta,,1
Name: hbase:meta,,1
No. Stores: 1
No. Storefiles: 2
Storefile Size(MB): 0
Storefile Index Size(MB): 0
Memstore Size(MB): 0
No. Requests: 884
No. Read Requests: 876
No. Write Requests: 8

Region: testAdmin,,1490692539540.e48683de73bf0a8fb127e44cd4e59056.
Name: testAdmin,,1490692539540.e48683de73bf0a8fb127e44cd4e59056.
No. Stores: 2
No. Storefiles: 0
Storefile Size(MB): 0
Storefile Index Size(MB): 0
Memstore Size(MB): 0
No. Requests: 0
No. Read Requests: 0
No. Write Requests: 0
```

图 9-3(续)

本章小结

(1) 本章讲解了 HBase 管理的相关知识,让读者了解 HBase 管理的数据结构以及对 HBase 表及客户端的管理。

(2) 详细介绍了 HBase 表和列簇内的数据如何存储以及何时存储。说明 HBase 中表、列簇和属性的构造函数及相关参数设置。

(3) 首先介绍了客户端提供 HBaseAdmin 类实现建表、创建列簇、检查表是否存在、修改表结构等功能,接着通过实例详细介绍了客户端对表状态、表结构的具体操作。

(4) 结合实例介绍了客户端 HBaseAdmin 类提供的对集群管理操作方法,包含对集群状态的查看、执行表级任务以及对 region 服务器的管理等。

习 题

(1) 以下( )必须是可见字符。
   A. 列簇　　　　　B. 表　　　　　C. 属性　　　　　D. 列

(2) 列名可以由( )组成。
   A. 可见字符　　　　　　　　　　B. 任意字符
   C. 特定字符　　　　　　　　　　D. 任意二进制字符

(3) 用户通过什么属性来创建表,其中具体有什么表示?

(4) HBaseAdmin 类提供了哪些功能?请具体说明。

(5) 请写出获取集群状态的实例方法。

第10章

初识 Storm

10.1 什么是 Storm

10.1.1 Storm 能做什么

在大数据处理方面，相信大家已经对 Hadoop 耳熟能详了。Hadoop 处理的是存放在其分布式文件系统 HDFS 上的数据，Hadoop 使用磁盘作为中间交换的介质，在对海量数据进行离线分析时得心应手，但处理实时数据流却是力有未逮。

Storm 是一个开源的分布式实时计算系统，可以简单、可靠地处理大量的数据流。Storm 有很多使用场景，如实时分析、在线机器学习、持续计算、分布式 RPC、ETL 等。Storm 支持水平扩展，具有高容错性，保证每个消息都会得到处理，而且处理速度很快（在一个小集群中，每个节点每秒可以处理数以百万计的消息）。Storm 的部署和运维都很便捷，更为重要的是可以使用任意编程语言来开发应用。

10.1.2 Storm 的特性

1. 编程模型简单

在大数据处理方面相信大家对 Hadoop 已经耳熟能详，基于 Google MapReduce 来实现的 Hadoop 为开发者提供了 map、reduce 原语，使并行批处理程序变得非常简单和优美。同样，Storm 也为大数据的实时计算提供了一些简单优美的原语，大大降低了开发并行实时处理任务的复杂性，帮助用户快速、高效地开发应用。

在 Storm 集群中运行的 topology 主要有三个实体：工作进程、线程和任务。Storm 集群中的每台机器上都可以运行多个工作进程，每个工作进程又可创建多个线程，每个线程可以执行多个任务，任务是真正进行数据处理的实体，而 Storm 中的 Spout、Bolt 就是作为一个或者多个任务的方式执行的。因此，计算任务在多个线程、进程和服务器之间并行进行，支持灵活的水平扩展。

2. 高可靠性

Storm 可以保证 Spout 发出的每条消息都能被完全处理，这直接区别于其他实时系统。Spout 发出的消息后续可能会触发产生成千上万条消息，可以形象地理解为一棵消息树，其中 Spout 发出的消息为树根，Storm 会跟踪这棵消息树的处理情况，只有当这棵消息树中的所有消息都被处理了，Storm 才会认为 Spout 发出的消息已经被完全处理。如果这棵消息树中的任何一个消息处理失败，或者整棵消息树在限定的时间内没有被完全处理，那么

spout 发出的消息就会重发。

考虑到尽可能减少对内存的消耗,Storm 并不会跟踪消息树中的每个消息,而是采用了一些特殊的策略,它把消息树当作一个整体来跟踪,对消息树中所有消息的唯一 ID 进行异或计算,通过是否为零来判定 spout 发出的消息是否被完全处理,极大地节约了内存并简化了判定逻辑。在这种模式下,系统每发送一个消息,都会同步发送一个 ackfail,这对网络的带宽会有一定的消耗,因此如果对系统的可靠性要求不高,可通过使用不同的 emit 接口关闭该模式。

上面所说的,Storm 保证了每个消息至少被处理一次,但是对于有些计算场合,会严格要求每个消息只被处理一次,幸而 Storm 在 0.7.0 版本中引入了事务性拓扑,成功解决了这个问题。

3. 高容错性

如果在消息处理过程中抛出一些异常,Storm 会重新安排这个出问题的处理单元。Storm 保证一个处理单元永远运行(除非用户显式杀掉这个处理单元)。当然,如果处理单元中存储了中间状态,那么当处理单元重新被 Storm 启动时,需要应用自己处理中间状态的恢复。

4. 支持多种编程语言

除了用 Java 实现 spout 和 bolt 外,还可以使用任何用户熟悉的编程语言来完成这项工作,这一切得益于 Storm 所谓的多语言协议。多语言协议是 Storm 内部的一种特殊协议,允许 spout 或者 bolt 使用标准输入和标准输出进行消息传递,传递的消息为单行文本或者 json 编码的多行。

Storm 支持多语言编程,主要是通过 ShellBolt、ShellSpout 和 ShellProcess 类来实现的。这些类都实现了 IBolt 和 ISpout 接口,以及让 shell 通过 Java 的 ProcessBuilder 类来执行脚本或者程序的协议。可以看到,采用这种方式,每个 tuple 在处理时都需要进行 json 的编解码,因此在吞吐量上会有较大影响。

5. 支持本地模式

Storm 有一种本地模式,也就是在进程中模拟一个 Storm 集群的所有功能,以本地模式运行 topology 与在集群上运行 topology 类似,这对我们开发和测试来说非常有用。

6. 高效

用 ZeroMQ 作为底层消息队列,保证消息能快速被处理。

7. 运维和部署简单

Storm 计算任务是以"拓扑"为基本单位,每个拓扑完成特定的业务指标,拓扑中的每个逻辑业务节点实现特定的逻辑,并通过消息相互协作。

实际部署时,仅需要根据实际情况配置逻辑节点的并发数,而不需要关心部署到集群中的哪台机器。所有的部署仅需通过命令提交一个 jar 包,全自动部署。停止一个拓扑,也只需通过一个命令操作。

Storm 支持动态增加节点,新增节点自动注册到集群中,但现有运行的任务不会自动负载均衡。

8. 图形化监控

图形界面可以监控各个拓扑的信息,包括每个处理单元的状态和处理消息的数量。

10.1.3 Storm 分布式计算结构

Storm 的分布式计算结构如图 10-1 所示。

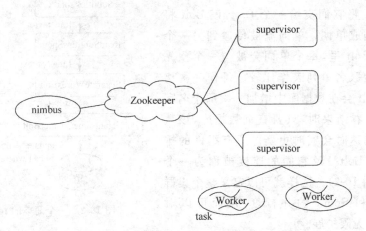

图 10-1 Storm 分布式计算结构

nimbus：负责资源分配和任务调度。

supervisor：负责接受 nimbus 分配的任务，启动和停止属于自己管理的 worker 进程。

Worker：运行具体处理组件逻辑的进程。

task：Worker 中每一个 Spout/Bolt 的线程称为一个 task。同一个 Spout/Bolt 的 task 可能会共享一个物理线程，该线程称为 executor。

Storm 架构中使用 Spout/Bolt 编程模型来对消息进行流式处理。消息流是 Storm 中对数据的基本抽象，一个消息流是对一条输入数据的封装。源源不断输入的消息流以分布式的方式被处理，Spout 组件是消息生产者，是 Storm 架构中的数据输入源头，它可以从多种异构数据源读取数据，并发射消息流。Bolt 组件负责接收 Spout 组件发射的信息流，并完成具体的处理逻辑。在复杂的业务逻辑中可以串联多个 Bolt 组件，在每个 Bolt 组件中编写各自不同的功能，从而实现整体的处理逻辑。

10.2 构建 topology

10.2.1 Storm 的基本概念

Storm 是一套分布式的、可靠的、可容错的用于处理流式数据的系统。处理工作会被委派给不同类型的组件，每个组件负责一项简单的、特定的处理任务。Storm 集群的输入流由名为 Spout 的组件负责。Spout 将数据传递给名为 Bolt 的组件，后者将以某种方式处理这些数据。例如 Bolt 以某种存储方式将这些数据持久化，或者将它们传递给另外的 Bolt。在这里可以把一个 Storm 集群比作一条由 Bolt 组件组成的链，每个 Bolt 对 Spout 暴露出来的数据做某种方式的处理。

为了说明这个概念，在这里可以举一个简单的例子。昨天晚上看新闻时，播音员们一直在谈论着政治家以及他们阵营的各种话题，在这期间播音员们一直重复着不同的名字，于是人们想知道是否每个名字被提及了相同的次数，或者提到的次数是否有偏重。在这里就可以把播音员们说的字幕认为是数据输入流，可以让 Spout 从一个文件（或者套接字，通过 HTTP，或者一些其他方法）读取输入。当文本行到达时，Spout 将它们交给一个 Bolt，该 Bolt 将文本行流分隔成单词。单词流被传递到另一个 Bolt，在这个 Bolt 里，每个单词会被与一个预先定义好的政治家名单列表作比较。每作一次比较，第二个 Bolt 会在数据库中增加一次那个名字的计数。想查看结果时，只要查询数据库，该数据库在数据到达时会实时更新。所有组件的排列（Spouts 和 Bolts）及它们的连接被称为一个topology（见图 10-2）。这样就可以定义整个集群中每个 Bolt 和 Spout 的并行度，从而可以对 topology 进行无限扩展。

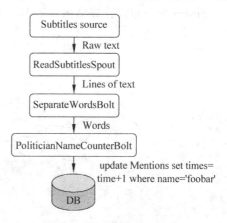

图 10-2　一个简单的 topology

10.2.2　构建 topology

在本节中，会创建一个 storm 工程和第一个 storm topology。在开始之前，理解 Storm 的操作模式很重要。运行 Storm 有两种方式：本地模式和远程模式。

1）本地模式

在本地模式中，storm topologies 运行在本地机器一个单独的 JVM 中。由于是最简单的查看所有的 topology 组件一起工作的模式，这种方式被用来开发、测试和调试。在这种模式下，可以调整参数，可以看到 topology 在不同的 storm 配置环境下是怎么运行的。为了以本地模式运行 topologies，需要下载 Storm 的开发依赖包，其中包含开发和测试 topology 所需的所有东西。

当建立第一个 storm 工程时，很快就可以看到是怎么回事了。

在本地模式运行 topology 与在 Storm 集群中运行它是类似的。确保所有的组件线程安全是重要的，因为当它们被部署到远程模式中时，它们可能运行在不同的 JVM 中或者在不同的物理机器上，这样它们之间没有直接的交流或者内存共享。

本章的所有示例都以本地模式运行。

2）远程模式

在远程模式中，提交 topology 到 Storm 集群，该集群由许多进程组成，通常运行在不同的机器上。远程模式不显示调试信息，这也是它被认为是生产模式的原因。然而，在一台单独的开发机器上建立 Storm 集群是可能的，并且它被认为是在部署至生产前的一个好方法，可以确保在生产环境中运行 topology 时没有任何问题。

10.2.3　示例：单词计数

在这个工程中，会建立一个简单的 topology 来为单词计数。可以把这个工程认为是 storm topologies 的"hello world"。然而，它是一个非常强大的 topology，因为它只需要做一些小的改动便可以扩展到几乎无限规模，甚至可以用它来做一个统计系统。例如，可以修改这个项目来找出 Twitter 上的话题趋势。

为了建立这个 topology,将使用一个 Spout 来负责读取单词,第一个 Bolt 来标准化单词,第二个 Bolt 来为单词计数,正如可以在图 10-3 中看到的那样。

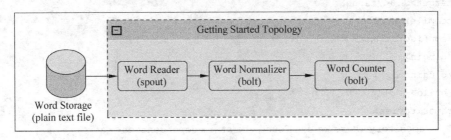

图 10-3　单词计算流程

1. 创建工程

为开始这个工程,先建立一个用来存放应用的文件夹(就像对任何的 Java 应用一样),该文件夹包含工程的源代码。接着需要下载 Storm 的依赖包,一个将添加到应用类路径的 jar 包的集合。可以用两种方式中的一种做这件事。

(1) 下载依赖包,解压,添加到类路径。

(2) 使用 Apache Maven。

Maven 是一套软件工程管理工具,可以用来管理软件开发周期中的多个方面,从依赖到发布构建过程。在本书中会广泛地使用它。为验证是否已安装了 Maven,运行命令 mvn。如果没有,可以从 http://maven.apache.org/download.html 下载。尽管使用 storm 没有必要成为一个 Maven 下载,但是知道 Maven 是怎样工作的基础知识是有帮助的。可以找到更多信息在 Apache Maven 的网站(http://maven.apache.org/)。

为了定义工程的结构,需要建立一个 pom.xml(工程对象模型)文件,该文件描述依赖、包、源码等。将使用依赖包及 nathanmarz 建立的 Maven 库(https://github.com/nathanmarz/)。这些依赖可以在这里找到(https://github.com/nathanmarz/storm/wiki/Maven)。Storm 的 Maven 依赖包引用了在本地模式运行 Storm 所需的所有库函数。

使用这些依赖包,可以写一个包含运行 topology 的必要组件的 pom.xml 文件。

```
<projectxmlns="http://maven.apache.org/POM/4.0.0"
xmlns:xsi="http://www.w3.org/2001/XMLSchema-instance"
xsi:schemaLocation="http://maven.apache.org/POM/4.0.0
http://maven.apache.org/xsd/maven-4.0.0.xsd">
<modelVersion>4.0.0</modelVersion>
<groupId>storm.book</groupId>
<artifactId>Getting-Started</artifactId>
<version>0.0.1-SNAPSHOT</version>
<build>
<plugins>
<plugin>
<groupId>org.apache.maven.plugins</groupId>
<artifactId>maven-compiler-plugin</artifactId>
```

```xml
        <version>2.3.2</version>
        <configuration>
        <source>1.6</source>
        <target>1.6</target>
        <compilerVersion>1.6</compilerVersion>
        </configuration>
        </plugin>
        </plugins>
        </build>
        <repositories>
        <!--Repository where we can found the storm dependencies-->
        <repository>
        <id> clojars.org</id>
        <url> http://clojars.org/repo</url>
        </repository>
        </repositories>
        <dependencies>
        <!--Storm Dependency-->
        <dependency>
        <groupId> storm</groupId>
        <artifactId> storm</artifactId>
        <version>0.6.0</version>
        </dependency>
        </dependencies>
        </project>
```

前几行指定了工程的名字和版本，然后添加一个编译器插件，该插件 Maven 告诉人们的代码应该用 Java 1.6 编译。接下来定义库（Maven 支持同一工程的多个库）。Clojars 是 Storm 依赖包所在的库，Maven 会自动下载本地模式运行 Storm 所需的所有子依赖包。

典型的 Maven Java 工程如图 10-4 所示。

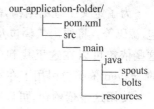

图 10-4 典型的工程树

Java 下的文件夹包含源代码并且将单词文件放到 resources 文件夹中处理。mkdir -p 建立所有所需的父目录。

2. 建立第一个 topology

为建立第一个 topology,要创建运行单词计数的所有的类。或许示例的一些部分在目前不是很清晰,将在后边的章节中解释它们。

WordReader Spout 是实现了 IRichSpout 接口的类。WordReader 负责读文件并且将每行提供给一个 Bolt。

一个 Spout 发射一个定义的域的列表。这个架构允许有多种 Bolt 读取相同的 Spout 流,然后这些 Bolt 定义域供其他的 Bolt 消费等。

下面示例包含这个类的完整代码（在示例后分析代码的每个部分）。

```
package spouts;
```

```java
import java.io.BufferedReader;
import java.io.FileNotFoundException;
import java.io.FileReader;
import java.util.Map;
import backtype.storm.spout.SpoutOutputCollector;
import backtype.storm.task.TopologyContext;
import backtype.storm.topology.IRichSpout;
import backtype.storm.topology.OutputFieldsDeclarer;
import backtype.storm.tuple.Fields;
import backtype.storm.tuple.Values;
public class WordReaderimplementsIRichSpout{
   private SpoutOutputCollector collector;
   private FileReader fileReader;
   private booleancompleted=false;
   private TopologyContext context;
   public booleanisDistributed(){returnfalse;
}
public voidack(Object msgId) {
   System.out.println("OK:"+ msgId);
}
public voidclose(){}
public voidfail(Object msgId) {
   System.out.println("FAIL:"+ msgId);
}
/**
* The only thing that the methods will do It is emit each
* file line
*/
public voidnextTuple() {
   /**
   * The nextuple it is called forever, so if we have beenreaded the file
   * we will wait and then return
   */
   if(completed){
       try {
           Thread.sleep(1000);
       } catch(InterruptedExceptione) {
         //Do nothing
       }
       return;
   }
   String str;
   //Open the reader
   BufferedReader reader=newBufferedReader(fileReader);
   try{
       //Read all lines
       while((str=reader.readLine())!=null){
           /**
           * By each line emmit a new value with the line as a their
           */
```

```
            this.collector.emit(newValues(str),str);
        }
    }catch(Exception e){
        throw new RuntimeException("Errorreading tuple",e);
    }finally{
        completed=true;
    }
}
/**
 * We will create the file and get the collector object
 */
public voidopen(Map conf,TopologyContextcontext,
SpoutOutputCollector collector) {
    try {
      this.context=context;
      this.fileReader=newFileReader(conf.get("wordsFile").toString());
    } catch(FileNotFoundExceptione) {
        throw new RuntimeException("Errorreading file
["+ conf.get("wordFile")+ "]");
    }
    this.collector=collector;
}
/**
 * Declare the output field "word"
 */
public voiddeclareOutputFields(OutputFieldsDeclarerdeclarer) {
    declarer.declare(newFields("line"));
}
}
```

在任何 Spout 中都调用的第一个方法是 void open（Map conf, TopologyContext context, SpoutOutputCollector collector）。此方法的参数是 TopologyContext，它包含所有的 topology 数据。conf 对象在 topology 定义时被创建。SpoutOutputCollector 可以发射将被 Bolt 处理的数据。下面的代码是 open 方法的实现。

```
public voidopen(Map conf,TopologyContext context,
SpoutOutputCollector collector) {
    try {
        this.context=context;
        this.fileReader=newFileReader(conf.get("wordsFile").toString());
    } catch(FileNotFoundException e) {
        throw new RuntimeException("Error reading file ["+ conf.get("wordFile")+ "]");
    }
    this.collector=collector;
}
```

在这个方法中，也创建了 reader，它负责读文件。接着需要实现 public void nextTuple()，在这个方法里可以发射将被 Bolt 处理的值。在此例子中，这个方法读文件并且每行发射一个值。

```
public voidnextTuple(){
  if(completed){
    try {
        Thread.sleep(1);
    } catch(InterruptedException e) {
      //Do nothing
    }
    return;
  }
  String str;
  BufferedReader reader=newBufferedReader(fileReader);
  try{
    while((str=reader.readLine())!=null){
      this.collector.emit(newValues(str));
    }
  }catch(Exception e){
    throw new RuntimeException("Errorreading tuple",e);
  }finally{
    completed=true;
  }
}
```

Values 是 ArrayList 的一个实现，其中把 list 的元素传到了构造方法中。

nextTuple() 方法在相同的循环中，被周期性地调用，如 ack() 和 fail() 方法。当没有工作要做时，必须释放对线程的控制，这样其他的方法有机会被调用，所以 nextTuple 方法的第一行是检查处理是否完成了。如果已经完成，在返回前它会休眠至少 1ms 来降低处理器的负载。如果有工作要做，那么文件的每一行被读取为一个值并且发射。

元组(Tuple)是一个值的命名列表，它可以是任何类型的 Java 对象（只要这个对象是可序列化的）。Storm 在默认情况下可以序列化常用的类，例如 strings、bytearrays、ArrayList、HashMap 和 HashSet。

10.3　Storm 并发机制

Storm 允许计算水平扩展到多台机器，将计算划分为多个独立的任务在集群上并行执行。在 Storm 中，任务只是在集群中运行的一个 Spout 和 Bolt 实例。

理解并行性是如何工作的，必须首先解释一个 Storm 集群拓扑参与执行的四个主要组件。

（1）Nodes(服务器)：这些只是配置为 Storm 集群参与执行拓扑的部分机器。Storm 集群包含一个或多个节点来完成工作。

（2）Workers(JVM 虚拟机)：这些是在一个节点上运行独立的 JVM 进程。每个节点配置一个或更多运行的 Worker。一个拓扑可以请求一个或更多的 Worker 分配给它。

（3）Executors(线程)：这些是 Worker 运行在 JVM 进程中的一个 Java 线程。多个任务可以分配给一个 Executor。除非显式重写，Storm 将分配一个任务给一个 Executor。

（4）Tasks(Spout/Bolt 实例)：任务是 Spout 和 Bolt 的实例，在 Executor 线程中运行 nextTuple() 和 execute() 方法。

10.3.1 topology 并发机制

到目前为止,在单词计数的例子中,还没有显式地使用任何 Storm 的并行 API;相反,允许 Storm 使用其默认设置。在大多数情况下,除非覆盖,Storm 将默认使用最大并行性设置。

在改变拓扑结构的并行设置之前,先考虑拓扑在默认设置下是如何执行的。假设有一台机器(节点),指定一个 Worker 的拓扑,并允许 Storm 每一个任务以一个 Executor 执行,执行指定的拓扑,如图 10-5 所示。

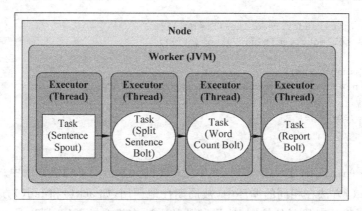

图 10-5 Worker 执行流程

正如可以看到的,并行性只有线程级别。每个任务运行在一个 JVM 的一个单独的线程内。怎样才能利用手头的硬件更有效地提高并行性?让我们开始通过增加 Worker 和 Executor 的数量来运行拓扑。

10.3.2 给 topology 增加 Worker

分配额外的 Worker 是增加拓扑计算能力的一种简单方法,Storm 提供了通过其 API 或纯粹配置来更改这两种方式。无论选择哪一种方法,组件上 Spout 和 Bolt 都没有改变,并且可以重复使用。

在以前版本的字数统计拓扑中,介绍了配置对象,在部署时传递到 submitTopology() 方法,但它基本上未使用。增加分配给一个拓扑中 Worker 的数量,只是调用 Config 对象的 setNumWorkers() 方法。

```
Config config=new Config();
config.setNumWorkers(2);
```

这个分配两个 Worker 的拓扑结构并不是默认的。这将计算资源添加到拓扑中,为了有效地利用这些资源,也会想调整 Executors 的数量和拓扑每个 Executor 的 task 数量。

10.3.3 配置 Executor 和 task

默认情况下,在一个拓扑定义时 Storm 为每个组件创建一个单一的任务,为每个任务分配一个 Executor。Storm 的并行 API 提供了修改这种行为的方式,允许设置的每个任务的 Executor 数和每个 Executor 的 task 数量。

当定义一个流分组并行性时,Executor 的数量分配到一个给定的组件是通过修改配置完成的。为了说明这个特性,修改拓扑 SentenceSpout 并行度分配两个任务,每个任务分配自己的 Executor 线程。

```
builder.setSpout(SENTENCE_SPOUT_ID, spout, 2);
```

如果使用一个 Worker,拓扑的执行如图 10-6 所示。

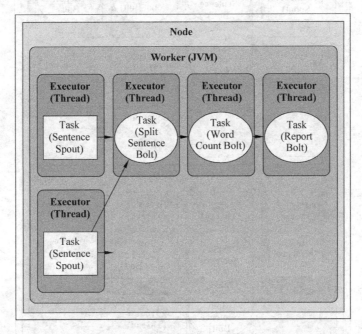

图 10-6 修改配置后的 Worker 执行流程

接下来,将设置分割句子 Bolt 为两个有四个 task 的 Executor 执行。每个 Executor 线程将被指派两个任务执行(4/2＝2)。并且还将配置字数统计 Bolt 运行四个任务,每个都有自己的执行线程。

```
builder.setBolt(SPLIT_BOLT_ID, splitBolt, 2).setNumTasks(4)
    .shuffleGrouping(SENTENCE_SPOUT_ID);
builder.setBolt(COUNT_BOLT_ID, countBolt, 4)
    .fieldsGrouping(SPLIT_BOLT_ID, newFields("word"));
```

有两个 Worker,拓扑的执行如图 10-7 所示。

拓扑结构的并行性增加,运行更新的 WordCountTopology 类为每个单词产生更高的总数量。

```
---FINAL COUNTS---
a : 2726
ate : 2722
beverages : 2723
cold : 2723
cow : 2726
```

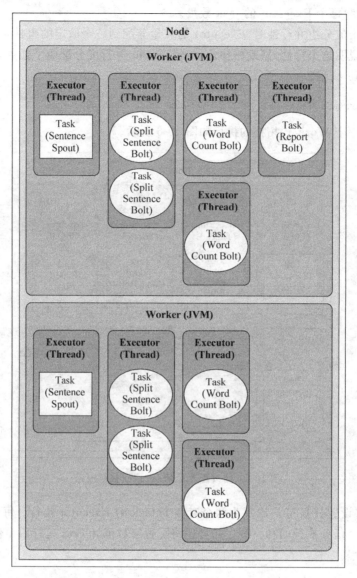

图 10-7 分割 Bolt 后的 Worker 执行流程

```
dog : 5445
don't : 5444
fleas : 5451
has : 2723
have : 2722
homework : 2722
i : 8175
like : 5449
man : 2722
my : 5445
the : 2727
think : 2722
--------------
```

因为 Spout 无限发出数据，直到 topology 被 kill，实际的数量将取决于计算机的速度和其他什么进程运行它，但是应该看到一个总体增加的发射和处理数量。

需要指出的是，增加 Worker 的数量并不会影响一个拓扑在本地模式下运行。一个拓扑在本地模式下运行总是运行在一个单独的 JVM 进程内，所以只有任务和 Executor 并行设置才会有影响。Storm 的本地模式提供一个近似的集群行为，它在测试一个真正的应用程序集群生产环境之前对开发是很有用的。

10.4 数据流分组的理解

看了前面的例子，可能会不明白为什么没有增加 ReportBolt 的并发度。答案是，这样做没有任何意义。为了理解其中的原因，需要了解 Storm 中数据流分组的概念。

数据流分组定义了一个数据流中的 tuple 如何分发给 topology 中不同 Bolt 的 task。举例说明，在并发版本的单词计数 topology 中，SplitSentenceBolt 类指派了四个 task。数据流分组决定了指定的一个 tuple 会分发到哪个 task 上。

Storm 定义了七种内置数据流分组的方式。

（1）Shuffle grouping（随机分组）：这种方式会随机分发 tuple 给 Bolt 的各个 task，每个 bolt 实例会接收到相同数量的 tuple。

（2）Fields grouping（按字段分组）：根据指定字段的值进行分组。例如，一个数据流根据 word 字段进行分组，所有具有相同 word 字段值的 tuple 会路由到同一个 Bolt 的 task 中。

（3）All grouping（全复制分组）：将所有的 tuple 复制后分发给所有 Bolt task。每个订阅数据流的 task 都会接收到 tuple 的复制。

（4）Globle grouping（全局分组）：这种分组方式将所有的 tuples 路由到唯一一个 task 上。Storm 按照最小的 task ID 来选取接收数据的 task。注意，当使用全局分组方式时，设置 Bolt 的 task 并发度是没有意义的，因为所有 tuple 都转发到同一个 task 上。使用全局分组时需要注意，因为所有的 tuple 都转发到一个 JVM 实例上，可能会引起 Storm 集群中某个 JVM 或者服务器出现性能瓶颈或崩溃。

（5）None grouping（不分组）：在功能上和随机分组相同，是为将来预留的。

（6）Direct grouping（指向型分组）：数据源会调用 emitDirect() 方法来判断一个 tuple 应该由哪个 Storm 组件来接收。只能在声明为指向型的数据流上使用。

（7）Local or shuffle grouping（本地或随机分组）：和随机分组类似，但是，会将 tuple 分发给同一个 Worker 内的 Bolt task（如果 Worker 内有接收数据的 Bolt task）。其他情况下，采用随机分组的方式。取决于 topology 的并发度，本地或随机分组可以减少网络传输，从而提高 topology 的性能。

除了预定义的分组方式之外，还可以通过实现 CustomStreamGrouping（自定义分组）接口来自定义分组方式。

```
public interface CustomStreamGrouping extends Serializable{
    void prepare(WorkerTopologyContext context,
GlobalStreamId stream,list<Integer> targetTasks);
```

```
    List<Integer> chooseTasks(int taskId,list<Object> values);
}
```

prepare()方法在运行时调用,用来初始化分组信息,分组的具体实现会使用这些信息决定如何向接收 task 分发 tuple。WorkerTopologyContext 对象提供了 topology 的上下文信息,GlobalStreamId 提供了待分组数据流的属性。最有用的参数是 targetTasks,是分组所有待选 task 的标识符列表。通常,会将 targetTasks 的引用存在变量里作为 chooseTasks() 的参数。

chooseTasks()方法返回一个 tuple 发送目标 task 的标识符列表,它的两个参数是发送 tuple 的组件的 id 和 tuple 的值。

为了说明数据流分组的重要性,在 topology 中引入一个漏洞(bug)。首先,修改 SentenceSpout 的 nextTuple()方法,使每个句子只发送一次。

```
public void nextTuple(){
    If (index<sentence.length){
        This.collector.emit(new Values(sentence[index]));
        Index++;
    }
    Utils.waitForMillis(1);
}
```

程序的输出如下。

```
---FINAL COUNTS---
A : 2
Ate : 2
Beverages : 2
Cold : 2
Cow : 2
Dog : 4
Don't : 4
Fleas : 4
Has : 2
Have : 2
Homework : 2
I : 6
Like : 4
Man : 2
My : 4
The : 2
Think : 2
--------------------
```

将 CountBolt 中按字段分组的方式修改为随机分组方式。

```
builder,setBolt(COUNT_BOLT_ID,countBolt,4)
.shuffleGrouping(SPLIT_BOLT_ID);
```

运行程序的结果如下。

```
---FINAL COUNTS---
```

```
A : 1
Ate : 2
Beverages : 1
Cold : 1
Cow : 2
Dog : 2
Don't : 1
Fleas : 1
Has : 1
Have : 1
Homework : 1
I : 3
Like : 1
Man : 1
My : 1
The : 1
Think : 1
-------------------
```

结果是错误的,因为 CountBolt 的参数是和状态相关的,它会对收到的每个单词进行计数。这个例子中,在并发状况下,计算的准确度取决于是否按照 tuple 的内容进行适当的分组。引入的 bug 只会在 CountBolt 并发实例超过一个时出现。这也是为什么一再强调"要在不同的并发度配置下测试 topology"的原因。

通常,需要避免将信息存在 Bolt 中,因为 Bolt 执行异常或者重新指派时,数据会丢失。一种解决方法是定期对存储的信息快照并放在持久性存储中,比如数据库。这样,如果 task 被重新指派就可以恢复数据。

10.5 消息的可靠处理

依旧以单词计数为例,topology 从一个队列中读取句子,然后将句子分解成若干个单词,再将每个单词和该单词的数量发送出去。这种情况下,从 Spout 中发送出去的 tuple 就会产生很多基于它创建的新 tuple,包括句子中单词的 tuple 和每个单词的个数的 tuple。这些消息构成了消息树,如图 10-8 所示。

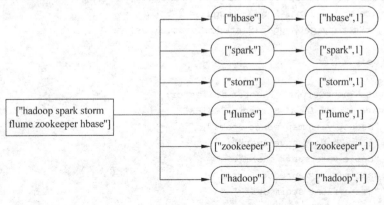

图 10-8 消息树

如果这棵 tuple 树发送完成，并且树中的每一条消息都得到了正确的处理，则表明发送 tuple 的 Spout 已经得到了"完整性处理"。对应地，如果在指定的超时时间内 tuple 树中有消息没有完成处理，就意味着 tuple 失败了。这个超时时间可以使用 Config. TOPOLOGY_MESSAGE_TIMEOUT_SECS 参数在构造 topology 时进行配置，如果不配置，则默认时间为 30s。

10.5.1　消息被处理后会发生什么

为了理解这个问题，必须先了解一下 tuple 的生命周期。下面是定义 Spout 的接口（可以在 Javadoc 中查看更多细节信息）。

```java
public interface ISpout extends Serializable {
    void open(Map var1, TopologyContext var2, SpoutOutputCollector var3);
    void close();
    void activate();
    void deactivate();
    void nextTuple();
    void ack(Object var1);
    void fail(Object var1);
}
```

首先，通过调用 Spout 的 nextTuple 方法，Storm 向 Spout 请求一个 tuple。Spout 会使用 open 方法中提供的 SpoutOutputCollector 向它的一个输出数据流中发送一个 tuple。在发送 tuple 时，Spout 会提供一个"消息 id"，这个 id 会在后续过程中用于识别 tuple。

使用 Storm 的可靠性机制时需要注意两件事：首先，在 tuple 树中创建新节点连接时务必通知 Storm；其次，在每个 tuple 处理结束时也必须向 Storm 发出通知。通过这两个操作，Storm 就能够检测到 tuple 树会在何时完成处理，并适时地调用 ack 或者 fail 方法。Storm 的 API 提供了一种非常精确的方式来实现这两个操作。

因此 SentenceSpout 需要做如下修改，在 nextTuple 方法中，发送 tuple 时，增加一个 msgId；如果返回确认成功，则调用 ack 方法，把执行成功的 msgId 从缓存中移除，如果超时或者异常，再调用 fail 方法进行重试。具体实现如下。

```java
public class SentenceSpout extends BaseRichSpout{
    private static final Logger logger =
    LoggerFactory.getLogger(SentenceSpout.class);
    /**
     * tuple 发射器
     */
    private SpoutOutputCollector collector;
    private static final String[] SENTENCES = {
        "hadoop yarn mapreduce spark",
        "flume hadoop hive spark",
        "oozie yarn spark storm",
        "storm yarn mapreduce error",
        "error flume storm spark"
    };
    //把已发送的 tuple 缓存到 Map 中，key 就是 msgId
```

```java
private Map<Object,Values> hasSendTuples;
//如果 tuple 在后续处理中出现异常时,我们需要采取一些措施,这里我们采用重试
//因此,把需要重试的 tuple 缓存下来,key 为 msgId
private Map<Object,Integer>  hasRetries;
//设置需要重试的最大次数
private int maxRt;
/**
 * 用来声明该组件向后面组件发射的 tuple 的 key 名称依次是什么
 * @param declarer
 */
@Override
public void declareOutputFields(OutputFieldsDeclarer declarer) {
    declarer.declare(new Fields("sentence"));
}
@Override
public Map<String, Object> getComponentConfiguration() {
    //用于指定只针对本组件的一些特殊配置
    return null;
}
/**
 * Spout 组件的初始化方法
 * 创建 SentenceSpout 组件的实例对象时调用,只执行一次
 * @param conf
 * @param context
 * @param collector
 */
@Override
public void open(Map conf, TopologyContext context, SpoutOutputCollector collector) {
    //用实例变量来接收 tuple 发射器
    this.collector = collector;
    this.hasSendTuples = new HashMap<>();
    this.hasRetries = new HashMap<>();
    //获取配置的最大重试次数
    Object maxRetryTimes = conf.get("MAX_RETRY_TIMES");
    maxRt = Integer.valueOf(maxRetryTimes.toString());
}
@Override
public void close() {
    //收尾工作
}
@Override
public void activate() {
}
@Override
public void deactivate() {
}
/**
 * Spout 组件的核心方法
 * 循环调用
 * (1)如何从数据源上获取数据逻辑,写在该方法中
 * (2)对获取的数据进行一些简单的处理
```

```java
 * (3)封装tuple,并且向后面的bolt发射 (其实只能指定tuple的value值依次是什么)
 */
@Override
public void nextTuple() {
    //随机从数组中获取一条语句(模拟从数据源中获取数据)
    String sentence = SENTENCES[new Random().nextInt(SENTENCES.length)];
    if(sentence.contains("error")){
        logger.error("记录有问题：" + sentence);
    }else{
        //封装成tuple
        //this.collector.emit(new Values(sentence));
        Object msgId = new Object();
        //a)启用消息可靠性保障机制：Spout中给每个tuple一个msgId来标识
        Values tuple = new Values(sentence);
        this.collector.emit(tuple, msgId);
        //b)添加到内存缓存起来
        this.hasSendTuples.put(msgId,tuple );
    }
}
@Override
public void ack(Object msgId) {
    //表示后面的组件对tuple处理完,并确认成功后,调用该方法
    //从内存中将处理成功的去掉
    logger.info("Tuple:"+ msgId + ",被成功处理…");
    System.err.println("Tuple:"+ msgId + ",被成功处理…");
    if(hasSendTuples.containsKey(msgId)){
        //把成功处理的msgId移除
        hasSendTuples.remove(msgId);
    }
}
@Override
public void fail(Object msgId) {
    //后面组件接收tuple超时,后面组件没有接收到,或者明确确认失败,调用该方法
    //比如：重试最大重试次数
    logger.info("Tuple:" + msgId + ",处理失败或者发射超时…");
    System.err.println("Tuple:" + msgId + ",处理失败或者发射超时…");
    if(!hasSendTuples.containsKey(msgId)){
        return;
    }
    int hasRetry = 0;
    if(hasRetries.containsKey(msgId)){
        hasRetry = hasRetries.get(msgId);
    }
    if(hasRetry <maxRt){
        //重试
        this.collector.emit(hasSendTuples.get(msgId),msgId);
        hasRetry ++;
        hasRetries.put(msgId,hasRetry);
    }else{
        //超过了最大重试次数则直接丢弃
        this.hasRetries.remove(msgId);
```

```
            this.hasSendTuples.remove(msgId);
        }
    }
}
```

  tuple 会被发送到对应的 Bolt 中，在这个过程中，Storm 会很小心地跟踪创建的消息树。如果 Storm 检测到某个 tuple 被完整处理，Storm 会根据 Spout 提供的 msgId 调用最初发送 tuple 的 Spout 任务的 ack 方法。对应地，Storm 在检测到 tuple 超时之后就会调用 fail 方法。注意，对于一个特定的 tuple，响应（ack）和失败处理（fail）都只会由最初创建这个 tuple 的任务执行。也就是说，即使 Spout 在集群中有很多个任务，某个特定的 tuple 也只会由创建它的那个任务，而不是其他的任务，来处理成功或失败的结果。

  SplitBolt 接收到来自 SentenceSpout 发送的 tuple 后，开始进行处理，并且在处理完毕，需要给 SentenceSpout 发送确认信息。主要修改 execute 方法，并进行锚定（anchoring）。

```java
public class SplitBolt implements IRichBolt{
    /**
     * bolt 组件中发射器
     */
    private OutputCollector collector;
    /**
     * bolt 组件的初始化方法
     *
     * @param stormConf
     * @param context
     * @param collector
     */
    @Override
    public void prepare (Map stormConf, TopologyContext context, OutputCollector collector) {
        this.collector = collector;
    }
    /**
     * 每接收到前面组件发送过来的 tuple 就调用一次
     *
     * bolt 对数据处理逻辑写在该方法中
     * 处理完后的数据封装成 tuple(value 部分)，继续发送给后面的组件
     * 或者执行比如写到数据库、打印到文件等操作(终点)
     * @param input
     */
    @Override
    public void execute(Tuple input) {
        try {
            String sentence = input.getStringByField("sentence");
            if (sentence != null && !"".equals(sentence)) {
                String[] words = sentence.split(" ");
                for (String word : words) {
                    //this.collector.emit(new Values(word));
                    //锚定 tuple,构造 tuple 的某个分组
                    this.collector.emit(input, new Values(word));
```

```
                }
            }
            //处理接收到的tuple之后,记得发送确认成功信息
            this.collector.ack(input);
        }catch (Exception e){
            //处理失败,发送确认失败信息
            this.collector.fail(input);
        }
    }
    @Override
    public void cleanup() {
    }
    @Override
    public void declareOutputFields(OutputFieldsDeclarer declarer) {
        declarer.declare(new Fields("word"));
    }
    @Override
    public Map<String, Object> getComponentConfiguration() {
        return null;
    }
}
```

通过将输入 tuple 指定为 emit 方法的第一个参数,每个单词 tuple 都被"锚定"了。这样,如果单词 tuple 在后续处理过程中失败了,作为这棵 tuple 树的根节点的原始 Spout tuple 就会被重新处理。相应地,如果这样发送 tuple:

```
this.collector.emit( new Values(word));
```

就称为"非锚定"。在这种情况下,下游的 tuple 处理失败不会触发原始 tuple 的任何处理操作。有时候发送这种"非锚定"tuple 也是必要的,这取决于 topology 的容错性要求。

一个输出 tuple 可以被锚定到多个输入 tuple 上,这在流式连接或者聚合操作时很有用。显然,一个多锚定的 tuple 失败会导致 Spout 中多个 tuple 的重新处理。多锚定操作是通过指定一个 tuple 列表而不是单一的 tuple 来实现的,如下面的例子所示。

```
List<Tuple> anchors = new ArrayList<Tuple>();
anchors.add(tuple1);
anchors.add(tuple2);
this.collector.emit(anchors, new Values(1, 2, 3));
```

多锚定操作会把输出 tuple 添加到多个 tuple 树中。注意,多锚定也可能会打破树的结构从而创建一个 tuple 的有向无环图(DAG),如图 10-9 所示。

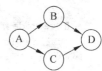

图 10-9 有向无环图

锚定其实可以看作将 tuple 树具象化的过程——在结束对一棵 tuple 树中一个单独 tuple 的处理时,后续以及最终的 tuple 都会在 Storm 可靠性 API 的作用下得到标定。这是通过 OutputCollector 的 ack 和 fail 方法实现的。如果再回过头看一下 SplitSentence 的例子,就会发现输入 tuple 是在所有的单词 tuple 发送出去之后被 ack(应答)的。

可以使用 OutputCollector 的 fail 方法来使位于 tuple 树根节点的 Spout tuple 立即失

效。例如，应用可以在建立数据库连接时抓取异常，并且在异常出现时立即让输入 tuple 失效。通过这种立即失效的方式，原始 Spout tuple 就会比等待 tuple 超时的方式响应更快。

每个待处理的 tuple 都必须显式地应答（ack）或者失效（fail）。因为 Storm 是使用内存来跟踪每个 tuple 的，所以，如果没有对每个 tuple 进行应答或者失效，那么负责跟踪的任务很快就会发生内存溢出。

Bolt 处理 tuple 的一种通用模式是在 Execute 方法中读取输入 tuple、发送出基于输入 tuple 的新 tuple，然后在方法末尾对 tuple 进行应答。大部分 Bolt 都会使用这样的过程。这些 Bolt 大多属于过滤器或者简单的处理函数。Storm 有一个可以简化这种操作的简便接口，称为 BasicBolt。例如，如果使用 BasicBolt，SplitSentence 的例子可以这样写：

```
public class SplitSentence extends BaseBasicBolt {
  public void execute(Tuple tuple, BasicOutputCollector collector) {
      try {
          String sentence = tuple.getStringByField("sentence");
          if (sentence != null && !"".equals(sentence)) {
              String[] words = sentence.split(" ");
              for (String word : words) {
                  this.collector.emit(new Values(word));
              }
          }
      }catch (Exception e){
        //处理失败,发送确认失败消息
        this.collector.fail(tuple);
      }
  }
}
```

这个实现方式比之前的方式要简单许多，而且在语义上有着完全一致的效果。发送到 BasicOutputCollector 的 tuple 会被自动锚定到输入 tuple 上，而且输入 tuple 会在 Execute 方法结束时自动应答。

相应地，执行聚合或者联结操作的 Bolt 可能需要延迟应答 tuple，因为它需要等待一批 tuple 来完成某种结果计算。聚合和联结操作一般需要对它们的输出 tuple 进行多锚定。这个过程已经超出了 IBasicBolt 的应用范围。

10.5.2 Storm 可靠性的实现方法

Storm 的 topology 有一些特殊的称为 acker 的任务，这些任务负责跟踪每个 Spout 发出的 tuple 的 DAG。当一个 acker 发现一个 DAG 结束了，它就会给创建 Spout tuple 的 Spout 任务发送一条消息，让这个任务来应答这个消息。可以使用 Config.TOPOLOGY_ACKERS 来配置 topology 的 acker 数量。Storm 默认会将 acker 的数量设置为 1，如果有大量消息的处理需求，则可能需要增加这个数量。

理解 Storm 的可靠性实现的最好方式还是通过了解 tuple 和 tuple DAG 的生命周期。当一个 tuple 在 topology 中被创建出来时——不管是在 Spout 中还是在 Bolt 中创建的——这个 tuple 都会被配置一个随机的 64 位 id。acker 就是使用这些 id 来跟踪每个 Spout tuple

的 tuple DAG 的。

Spout tuple 的 tuple 树中的每个 tuple 都知道 Spout tuple 的 id。当向 Bolt 中发送一个新 tuple 时，输入 tuple 中的所有 Spout tuple 的 id 都会被复制到新的 tuple 中。在 tuple 被 ack 时，它会通过回掉函数向合适的 acker 发送一条消息，这条消息显示了 tuple 树中发生的变化。也就是说，它会告诉 acker 这样一条消息："在这个 tuple 树中，我的处理已经结束了，接下来这个就是被我标记的新 tuple。"

以图 10-10 为例，如果 D tuple 和 E tuple 都是由 C tuple 创建的，那么在 C 应答时 tuple 树就会发生变化。

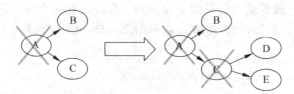

图 10-10 应答引起的树变化

由于在 D 和 E 添加到 tuple 树中时 C 已经从树中移除了，所以这个树并不会被过早地结束。

关于 Storm 如何跟踪 tuple 树还有更多的细节。正如上面所提到的，可以随意设置 topology 中 acker 的数量。这就会引起下面的问题：当 tuple 在 topology 中被 ack 时，它是怎么知道向哪个 acker 任务发送信息呢？

对于这个问题，Storm 实际上是使用哈希算法来将 Spout tuple 匹配到 acker 任务上。由于每个 tuple 都会包含原始的 Spout tuple id，所以它们会知道需要与哪个 acker 任务通信。

关于 Storm 的另一个问题是：acker 是如何知道它所跟踪的 Spout tuple 是由哪个 Spout 任务处理呢？实际上，在 Spout 任务发送新 tuple 时，它也会给对应的 acker 发送一条消息，告诉 acker 这个 Spout tuple 是与它的任务 id 相关联的。随后，在 acker 观察到 tuple 树结束处理时，它就会知道向哪个 Spout 任务发送结束消息。

acker 实际上并不会直接跟踪 tuple 树。对于一棵包含数万个 tuple 节点的树，如果直接跟踪其中的每个 tuple，显然会很快把这个 acker 的内存撑爆。因此，这里 acker 使用一个特殊的策略来实现跟踪的功能，使用这个方法对每个 Spout tuple 只需要占用固定的内存空间（大约 20 字节）。这个跟踪算法是 Storm 运行的关键，也是 Storm 的一个突破性技术。

在 acker 任务中储存了一个表，用于将 Spout tuple 的 id 和一对值相映射。其中第一个值是创建这个 tuple 的任务 id，这个 id 主要用于在后续操作中发送结束消息。第二个值是一个 64 位的数字，称为应答值(ack val)。这个应答值是整个 tuple 树的一个完整的状态表述，而且它与树的大小无关。因为这个值仅仅是这棵树中所有被创建或者被应答的 tuple 的 tuple id 进行异或运算的结果值。

当一个 acker 任务观察到应答值变为 0 时，它就知道这个 tuple 树已经完成处理了。因为 tuple id 实际上是随机生成的 64 位数值，所以应答值碰巧为 0 是一种极小概率的事件。理论计算得出，在每秒应答一万次的情况下，需要 5000 万年才会发生一次错误。即使是这样,也仅仅会是 tuple 碰巧在 topology 中失败时才会发生数据丢失的情况。

假设已经理解了这个可靠性算法,再分析一下所有失败的情形,看看这些情形下 Storm 是如何避免数据缺失的。

由于任务(线程)挂掉导致 tuple 没有被应答(ack)的情况,这时位于 tuple 树根节点的 Spout tuple 会在任务超时后得到重新处理。

acker 任务挂掉的情形,这种情况下 acker 跟踪的所有 Spout tuple 都会由于超时被重新处理。

Spout 任务挂掉的情形,这种情况下 Spout 任务的来源就会负责重新处理消息。例如,对于像 Kestrel 和 RabbitMQ 这样的消息队列,会在客户端断开连接时将所有的挂起状态的消息放回队列(关于挂起状态的概念可以参考 Storm 的容错性)。

综上所述,Storm 的可靠性机制完全具备了分布的、可伸缩的、容错的特征。

10.5.3 调整可靠性

由于 acker 任务是轻量级的,在拓扑中并不需要很多 acker 任务。可以通过 Storm UI 监控它们的性能(acker 任务的 id 为__acker)。如果发现观察结果存在问题,则需要增加更多的 acker 任务。

如果不关注消息的可靠性,也就是说,不关心在失败情形下发生的 tuple 丢失,那么可以通过不跟踪 tuple 树的处理来提升拓扑的性能。由于 tuple 树中的每个 tuple 都会带有一个应答消息,不追踪 tuple 树会使传输的消息的数量减半。同时,下游数据流中的 id 也会变少,这样可以降低网络带宽的消耗。

有三种方法可以移除 Storm 的可靠性机制。

第一种方法是将 Config. TOPOLOGY_ACKERS 设置为 0,在这种情况下,Storm 会在 Spout 发送 tuple 之后立即调用 ack 方法,tuple 树叶就不会被跟踪了。

第二种方法是基于消息本身移除可靠性。可以通过在 SpoutOutputCollector. emit 方法中省略 msgId 来关闭 Spout tuple 的跟踪功能。

最后,如果不关心拓扑中的下游 tuple 是否会失败,可以在发送 tuple 时选择发送非锚定的(unanchored)tuple。由于这些 tuple 不会被标记到任何一个 Spout tuple 中,显然在它们处理失败时不会引起任何 Spout tuple 的重新处理(注意,在使用这种方法时,如果上游有 Spout 或 bolt 仍然保持可靠性机制,那么需要在 Execute 方法之初调用 OutputCollector. ack 来立即响应上游的消息,否则上游组件会误认为消息没有发送成功,导致所有的消息会被反复发送)。

本章小结

在本章中,在没有安装和搭建 Storm 集群的情况下,使用 Storm 的核心 API 建立了一个简单的单词计数程序,并以此程序为例介绍了 Storm 特性中的大部分内容。尽管 Storm 的本地模式已经足够强大,但是要感受 Storm 的真正威力,还需要把 Storm 部署到集群中。

第 11 章将会对如何安装和搭建 Storm 集群进行介绍,以及如何将 topology 部署到分布式环境中。

习 题

（1）Storm 是什么，应用场景有哪些？

（2）Storm 有什么特点？

（3）Spout 发出的消息后续可能会触发产生成千上万条消息，Storm 如何跟踪这条消息树呢？

（4）Storm 本地模式的作用是什么？

第11章

配置 Storm 集群

11.1 Storm 集群框架介绍

Storm 集群遵循主/从(master/slave)结构,和 Hadoop 等分布式计算技术类似,语义上稍有不同。主/从结构中,通常有一个配置中静态指定或运行时动态选举出的主节点。Storm 使用前一种实现方式。

Storm 集群由一个主节点(称为 nimbus)和一个或者多个工作节点(称为 supervisor)组成。在 nimbus 和 supervisor 节点之外,Storm 还需要一个 Apache Zookeeper 的实例,Zookeeper 实例本身可以由一个或者多个节点组成,如图 11-1 所示。

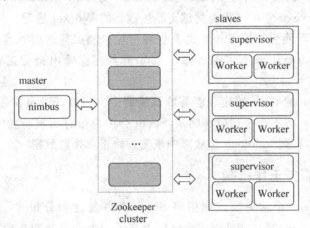

图 11-1　Storm 集群的框架

nimbus 和 supervisor 都是 Storm 提供的后台守护进程,可以共存在同一台机器上。实际上,可以建立一个单节点伪集群,把 nimbus、supervisor 和 Zookeeper 进程都运行在同一台机器上。

11.1.1 理解 nimbus 守护进程

nimbus 守护进程的主要职责是管理、协调和监控在集群上运行的 topology,包括 topology 的发布、任务指派,以及在事件处理失败时重新指派任务。

将 topology 发布到 Strom 集群,将预先打包成 jar 文件的 topology 和配置信息提交

(submitting)到 nimbus 服务器上。一旦 nimbus 接收到了 topology 的压缩包,会将 jar 包分发到足够数量的 supervisor 节点上。当 supervisor 节点接收到了 topology 压缩文件后,nimbus 就会指派 task(Bolt 和 Spout 实例)到每个 supervisor,并且发送信号指示 supervisor 生成足够的 Worker 来执行指派的 task。

nimbus 记录所有 supervisor 节点的状态和分配给它们的 task。如果 nimbus 发现某个 supervisor 没有上报心跳或者已经不可达,它会将故障 supervisor 分配的 task 重新分配到集群中的其他 supervisor 节点。

前面提到过,严格意义上讲 nimbus 不会引起单点故障。这个特性是因为 nimbus 并不参与 topology 的数据处理过程,它仅仅是管理 topology 的初始化、任务分发和进行监控。实际上,如果 nimbus 守护进程在 topology 运行时停止了,只要分配的 supervisor 和 Worker 健康运行,topology 一直继续数据处理。需要注意的是,在 nimbus 已经停止的情况下 supervisor 会异常终止,因为没有 nimbus 守护进程来重新指派失败这个终止的 supervisor 的任务,数据处理就会失败。

11.1.2 supervisor 守护进程的工作方式

supervisor 守护进程等待 nimbus 分配任务后生成并监控 Workers(JVM 进程)执行任务。supervisor 和 Worker 都是运行在不同的 JVM 进程上,如果由 supervisor 拉起的一个 Worker 进程因为错误(或者因为 UNIX 终端的 kill-9 命令,Windows 的 tskkill 命令强制结束)异常退出,supervisor 守护进程会尝试重新生成新的 Worker 进程。

看到这里读者可能想知道 Storm 的有保障传输机制如何适应其容错模型。如果一个 Worker 甚至整个 supervisor 节点都故障了,Storm 如何保障出错时正在处理的 tuples 的传输?

答案就在 Storm 的 tuple 锚定和应答确认机制中。当打开了可靠传输的选项,传输到故障节点上的 tuples 将不会收到应答确认,Spout 会因为超时而重新发射原始 tuple。这样的过程会一直重复,直到 topology 从故障中恢复开始正常处理数据。

11.1.3 DRPC 服务工作机制

Storm 应用中的一个常见模式期望将 Storm 的并发性和分布式计算能力应用到"请求—响应"范式中。一个客户端进程或者应用提交了一个请求并同步地等待响应。这样的范式可能看起来和典型 topology 的高异步性、长时间运行的特点恰恰相反,Storm 具有事务处理的特性来实现这种应用场景,如图 11-2 所示。

客户端给 DRPC 服务器发送要执行的方法的名字,以及这个方法的参数,实现这个函数的 topology 使用 DRPCSpout 从 DRPC 服务器接收函数调用流。每个函数调用被 DRPC 服务器标记了一个唯一的 id。

然后这个 topology 计算结果,在 topology 的最后一个叫作 ReturnResults 的 Bolt 会连接到 DRPC 服务器,并且把这个调用的结果发送给 DRPC 服务器(通过那个唯一的 id 标识)。DRPC 服务器用那个唯一 id 与等待的客户端匹配上,唤醒这个客户端并且把结果发送给它。

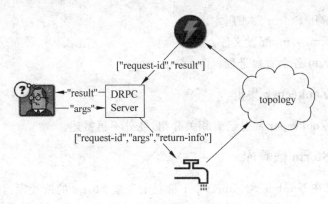

图 11-2　DRPC 的工作流机制

11.1.4　Storm 的 UI 简介

Storm UI 是可选功能，该功能可提供一个基于 Web 的 GUI 来监控 Storm 集群，对正在运行的 topology 有一定的管理功能。Storm UI 提供了已经发布的 topology 的统计信息，对监控 Storm 集群的运转和 topology 的功能有很大帮助，如图 11-3 所示。

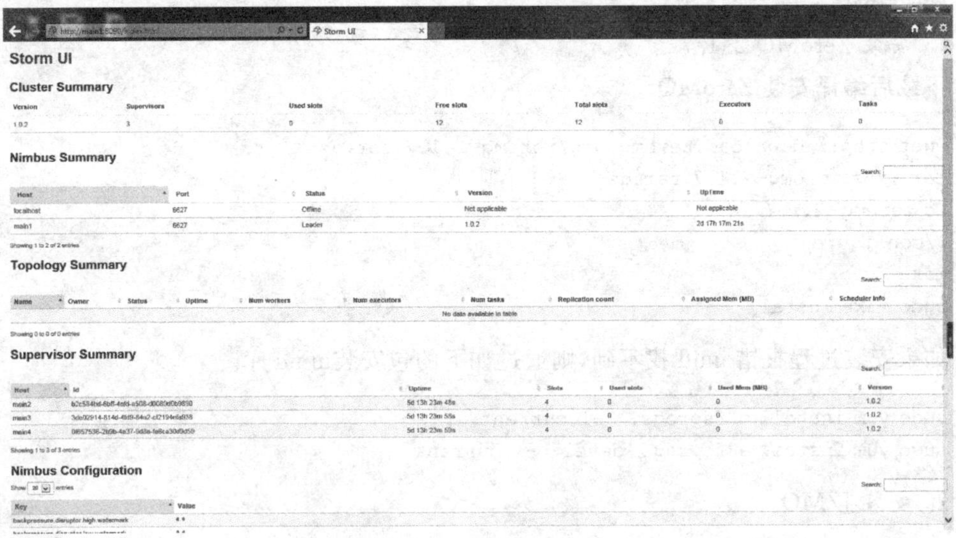

图 11-3　Storm UI

Storm UI 只能报告由 nimubs 的 trhift API 获取的信息，不会影响 topology 上其他功能。Storm UI 可以随时开关而不影响任何 topology 的运行，在那里它完全是无状态的。它还可以用配置来进行一些简单的管理，如开启、停止、暂停和重新均衡负载 topology。

11.2　在 Linux 上安装 Storm

这一节将详细描述如何在 Linux 上搭建一个 Storm 集群。请依次完成以下安装步骤。
（1）搭建 Zookeeper 集群。
（2）安装 Storm 依赖库。

(3) 下载并解压 Storm 发布版本。

(4) 修改 storm.yaml 配置文件。

(5) 启动 Storm 各个后台进程。

11.2.1 搭建 Zookeeper 集群

由于在前面 Zookeeper 部分已有相关介绍,此处不再赘述。

11.2.2 安装 Storm 依赖库

接下来,需要在 Nimbus 和 supervisor 机器上安装 Storm 的依赖库,具体如下。

(1) ZeroMQ 2.1.7(请勿使用 2.1.10 版本,因为该版本的一些严重 bug 会导致 Storm 集群运行时出现奇怪的问题。少数用户在 2.1.7 版本会遇到 IllegalArgumentException 的异常,此时降为 2.1.4 版本可修复这一问题)。

(2) JZMQ。

(3) Java 6。

(4) Python 2.6.6。

(5) Unzip。

1. 安装 ZeroMQ 2.1.7

下载后编译安装 ZeroMQ。

```
wget http://download.zeromq.org/zeromq-2.1.7.tar.gz
tar -xzf zeromq-2.1.7.tar.gz
cd zeromq-2.1.7
./configure
make
sudo make install
```

如果安装过程报错 uuid 找不到,则通过如下的包安装 uuid 库。

```
sudo yum install e2fsprogsl  -b current
sudo yum install e2fsprogs-devel  -b current
```

2. 安装 JZMQ

```
git clone https://github.com/nathanmarz/jzmq.git
cd jzmq
./autogen.sh
./configure
make
sudo make install
```

3. 安装 Python 2.6.6

(1) 下载 Python 2.6.6。

```
wget http://www.python.org/ftp/python/2.6.6/Python-2.6.6.tar.bz2
```

(2) 编译安装 Python 2.6.6。

```
tar -jxvf Python-2.6.6.tar.bz2
```

```
cd Python-2.6.6
./configure
make
make install
```

(3) 测试 Python 2.6.6。

```
$ python -V
Python 2.6.6
```

4. 安装 Unzip

(1) 如果使用 RedHat 系列 Linux 系统,执行以下命令安装 Unzip。

```
apt-get install unzip
```

(2) 如果使用 Debian 系列 Linux 系统,执行以下命令安装 Unzip。

```
yum install unzip
```

11.2.3 下载并解压 Storm 发布版本

下一步,需要在 Nimbus 和 supervisor 机器上安装 Storm 发行版本。

(1) 下载 Storm 发行版本,推荐使用 Storm 0.8.1。

```
wget https://github.com/downloads/nathanmarz/storm/storm-0.8.1.zip
```

(2) 解压到安装目录下。

```
unzip storm-0.8.1.zip
```

11.2.4 修改 storm.yaml 配置文件

Storm 发行版本解压目录下有一个 conf/storm.yaml 文件,用于配置 Storm。conf/storm.yaml 中的配置选项将覆盖 defaults.yaml 中的默认配置。以下选项必须在 conf/storm.yaml 中进行配置。

(1) storm.zookeeper.servers:Storm 集群使用的 Zookeeper 集群地址,其格式如下。

```
storm.zookeeper.servers:
  - "111.222.333.444"
  - "555.666.777.888"
```

如果 Zookeeper 集群使用的不是默认端口,那么还需要 storm.zookeeper.port 选项。

(2) storm.local.dir:Nimbus 和 Supervisor 进程用于存储少量状态,如 jars、confs 等的本地磁盘目录,需要提前创建该目录并给予足够的访问权限,然后在 storm.yaml 中配置该目录。

```
storm.local.dir:"/home/admin/storm/workdir"
```

(3) java.library.path:Storm 使用的本地库(ZeroMQ 和 JZMQ)加载路径,默认为"/usr/local/lib:/opt/local/lib:/usr/lib",一般来说 ZeroMQ 和 JZMQ 默认安装在 /usr/local/lib 下,因此不需要配置。

（4）nimbus.host：Storm 集群 Nimbus 机器地址，各个 supervisor 工作节点需要知道哪个机器是 Nimbus，以便下载 Topologies 的 jars、confs 等文件。

nimbus.host:"111.222.333.444"

（5）supervisor.slots.ports：对于每个 supervisor 工作节点，需要配置该工作节点可以运行的 Worker 数量。每个 Worker 占用一个单独的端口用于接收消息，该配置选项用于定义哪些端口是可被 Worker 使用的。默认情况下，每个节点上可运行 4 个 Workers，分别在 6700、6701、6702 和 6703 端口。

```
supervisor.slots.ports:
    -6700
    -6701
    -6702
    -6703
```

11.2.5 启动 Storm 后台进程

最后一步，启动 Storm 的所有后台进程。和 Zookeeper 一样，Storm 也是快速失败（fail-fast）的系统，这样 Storm 才能在任意时刻被停止，并且当进程重启后被正确地恢复执行。这也是为什么 Storm 不在进程内保存状态的原因，即使 Nimbus 或 supervisors 被重启，运行中的 topologies 不会受到影响。

以下是启动 Storm 各个后台进程的方式。

（1）Nimbus：在 Storm 主控节点上运行"bin/storm nimbus >/dev/null 2>&1 &"启动 Nimbus 后台程序，并放到后台执行。

（2）supervisor：在 Storm 各个工作节点上运行"bin/storm supervisor >/dev/null 2>&1 &"启动 supervisor 后台程序，并放到后台执行。

（3）UI：在 Storm 主控节点上运行"bin/storm ui >/dev/null 2>&1 &"启动 UI 后台程序，并放到后台执行。启动后可以通过 http://{nimbus host}:8080 观察集群的 Worker 资源使用情况，topologies 的运行状态等信息。

注意：

① Storm 后台进程被启动后，将在 Storm 安装部署目录下的 logs/子目录下生成各个进程的日志文件。

② 经测试，Storm UI 必须和 Storm nimbus 部署在同一台机器上，否则 UI 无法正常工作，因为 UI 进程会检查本机是否存在 nimbus 链接。

③ 为了方便使用，可以将 Bin/Storm 加入系统环境变量中。

至此，Storm 集群已经部署、配置完毕，可以向集群提交拓扑运行。

11.3 将 topology 提交到集群上

向集群提交任务分为以下几步。

（1）启动 Storm topology。

```
storm jar allmycode.jar org.me.MyTopology arg1 arg2 arg3
```

其中,allmycode.jar 是包含 topology 实现代码的 jar 包,org.me.MyTopology 的 main 方法是 topology 的入口,arg1、arg2 和 arg3 为 org.me.MyTopology 执行时需要传入的参数。

(2) 停止 Storm topology。

```
storm kill {toponame}
```

其中,{toponame} 为 topology 提交到 Storm 集群时指定的 topology 任务名称。

本章小结

在本章中,介绍了安装和配置 Storm 集群的必需步骤,以及如何用 Storm 的守护进程和命令行工具来管理和运行 topology。

第 12 章将对 Trident——一个在 Storm 事务处理和状态管理基础上的高级别抽象技术进行介绍。

习 题

(1) 请试着在本机上按照本章介绍的方法搭建 Storm 集群。
(2) Hadoop 的 MapReduce 与 Storm 的 topology 有什么不一样的地方?
(3) Nimbus 与 hadoop 的 jobtracer 作用是否类似?
(4) Nimbus 和 supervisor 之间的所有协调工作由谁来完成?
(5) 一个 topology 由哪两部分组成?
(6) Storm HA 模式如果机器意外停止,是如何处理任务的?
(7) Storm 如何运行一个 topology?
(8) Spout 类里面最重要的方法是 nextTuple,它的作用是什么?
(9) Storm 里面有几种类型的 stream grouping,分别是什么?
(10) 如何构建 topology?

第12章 Trident 和 Trident-ML

12.1 Trident topology

12.1.1 Trident 综述

Trident 是在 Storm 基础上，一个以实时计算为目标的高度抽象。它在提供处理大吞吐量数据能力（每秒百万次消息）的同时，也提供了低延时分布式查询和有状态流式处理的能力。如果对 Pig 和 Cascading 这种高级批处理工具很了解，那么应该很容易理解 Trident，因为它们之间很多的概念和思想都是类似的。Trident 提供了 joins、aggregations、grouping、functions 以及 filters 等能力。除此之外，Trident 还提供了一些专门的原语，从而在基于数据库或者其他存储的前提下来应付有状态的递增式处理。Trident 也提供一致性（consistent），有且仅有一次（exactly-once）等语义，使我们在使用 Trident topology 时变得容易。

以下是一个 Trident 的例子。在这个例子中，主要完成以下两个功能。

（1）从一个流式输入中读取语句并计算每个单词的个数。

（2）提供查询给定单词列表中每个单词当前总数的功能。

这里举一个例子，我们会从如下这样一个无限的输入流中读取语句作为输入。

```
FixedBatchSpout spout = new FixedBatchSpout(new Fields("sentence"), 3,
    new Values("the cow jumped over the moon"),
    new Values("the man went to the store and bought some candy"),
    new Values("four score and seven years ago"),
    new Values("how many apples can you eat"));
spout.setCycle(true);
```

这个 Spout 会循环输出所列出的那些语句到 sentence stream 中，下面的代码会以这个 Stream 作为输入并计算每个单词的个数。

```
TridentTopology topology = new TridentTopology();
TridentState wordCounts = topology.newStream("spout1", spout)
    .each(new Fields("sentence"), new Split(), new Fields("word"))
    .groupBy(new Fields("word"))
    .persistentAggregate(new MemoryMapState.Factory(), new Count(), new Fields("count"))
    .parallelismHint(6);
```

在这段代码中,首先创建了一个 TridentTopology 对象,该对象提供了相应的接口去构造 Trident 计算过程。TridentTopology 类中的 newStream 方法从输入源(input source)中读取数据,并创建一个新的数据流。在这个例子中,使用了上面定义的 FixedBatchSpout 对象作为输入源。输入数据源同样可以如 Kestrel 或者 Kafka 这样的队列服务。Trident 会在 Zookeeper 中保存一小部分状态信息来追踪数据的处理情况,而在代码中我们指定的字符串 spout1 就是 Zookeeper 中用来存储状态信息的 Znode 节点。

Trident 在处理输入 stream 时会把输入转换成 batch(包含若干个 tuple)来处理。例如,输入的 sentence stream 可能会被拆分成如图 12-1 所示的 batch。

图 12-1　batch 的拆分

一般来说,这些小的 batch 中的 tuple 可能会在数千或者数百万这样的数量级,这完全取决于输入的吞吐量。

Trident 提供了一系列非常成熟的批处理 API 来处理这些小 batch。这些 API 与在 Pig 或者 Cascading 中看到的非常类似,可以做 groupby、join、aggregation,执行 function 和 filter 等。当然,独立处理每个小的 batch 并不是非常有趣的事情,所以 Trident 提供了功能来实现 batch 之间的聚合并可以将这些聚合的结果存储到内存、Memcached、Cassandra 或者一些其他的存储中。同时,Trident 还提供了非常好的功能来查询实时状态,这些实时状态可以被 Trident 更新。此外,Trident 还可以是一个独立的状态源。

这个例子中,Spout 输出了一个只有单一字段 sentence 的数据流。在下一行,topology 使用了 Split 函数来拆分 stream 中的每一个 tuple,Split 函数读取输入流中的 sentence 字段,并将其拆分成若干个 word tuple。每一个 sentence tuple 可能会被转换成多个 word tuple,例如,the cow jumped over the moon 会被转换成 6 个 word tuples。下面是 Split 的定义。

```
public class Split extends BaseFunction {
    public void execute(TridentTuple tuple, TridentCollector collector) {
```

```
        String sentence = tuple.getString(0);
        for(String word: sentence.split(" ")) {
            collector.emit(new Values(word));
        }
    }
}
```

它只是简单地根据空格拆分 sentence,并将拆分出的每个单词作为一个 tuple 输出。

topology 的其他部分计算单词的个数,并将计算结果保存到了持久存储中。首先,word stream 被根据 word 字段进行 group 操作,然后每一个 group 使用 Count 聚合器进行持久化聚合。persistentAggregate 方法会帮助用户把一个状态源聚合的结果存储或者更新到存储中。在这个例子中,单词的数量被保持在内存中,不过可以简单地把这些数据保存到其他的存储中,如 Memcached、Cassandra 等。如果要把结果存储到 Memcached 中,只是简单地使用下面这句话替换 persistentAggregate 就可以了,这其中的 serverLocations 是 Memcached cluster 的主机和端口号列表。

```
.persistentAggregate(MemcachedState.transactional(serverLocations),
new Count(),
new Fields("count"))
```

persistentAggregate 存储的数据就是所有 batch 聚合的结果。

Trident 非常好的一点就是它提供完全容错的(fully fault-tolerant)处理一次且仅一次(exactly-once)的语义。这就让用户可以很轻松地使用 Trident 来进行实时数据处理。Trident 会把状态以某种形式保持起来,当有错误发生时,它会根据需要来恢复这些状态。

persistentAggregate 方法会把数据流转换成一个 TridentState 对象。在这个例子中,TridentState 对象代表了所有单词的数量。会使用这个 TridentState 对象来实现在计算过程中的分布式查询。

上面的是 topology 的第一部分,topology 的第二部分实现了一个低延时的单词数量的分布式查询。这个查询以一个用空格分隔的单词列表为输入,返回这些单词的总个数。这些查询就像普通的 RPC 调用那样被执行,要说不同,那就是它们在后台是并行执行的。下面是执行查询的一个例子。

```
DRPCClient client = new DRPCClient("drpc.server.location", 3772);
System.out.println(client.execute("words", "cat dog the man"));
//prints the JSON- encoded result, e.g.: "[[5078]]"
```

由此可见,除了在 storm cluster 上并行执行之外,这个查询看上去就是一个普通的 RPC 调用。这样的简单查询的延时通常在 10ms 左右。当然,更复杂的 DRPC 调用可能会占用更长的时间,尽管延时很大程度上取决于给计算分配了多少资源。

topology 中的分布式查询部分实现如下所示。

```
topology.newDRPCStream("words")
    .each(new Fields("args"), new Split(), new Fields("word"))
    .groupBy(new Fields("word"))
    .stateQuery(wordCounts, new Fields("word"), new MapGet(), new Fields("count"))
    .each(new Fields("count"), new FilterNull())
```

```
.aggregate(new Fields("count"), new Sum(), new Fields("sum"));
```

使用 TridentTopology 对象来创建 DRPC stream，并且将这个函数命名为 words。这个函数名会作为第一个参数在使用 DRPC Client 来执行查询时用到。

每个 DRPC 请求会被当作只有一个 tuple 的 batch 来处理。在处理的过程中，以这个输入的单一 tuple 来表示这个请求。这个 tuple 包含一个叫作 args 的字段，在这个字段中保存了客户端提供的查询参数。在这个例子中，这个参数是一个以空格分隔的单词列表。

首先，使用 Split 函数把传入的请求参数拆分成独立的单词，然后对 word 流进行 group by 操作，之后就可以使用 stateQuery 在上面代码中创建的 TridentState 对象上进行查询。stateQuery 接收一个 state 源（在这个例子中，就是 topolgoy 所计算的单词的个数）以及一个用于查询的函数作为输入。在这个例子中，使用了 MapGet 函数来获取每个单词出现的个数。由于 DRPC stream 使用与 TridentState 完全相同的 group 方式（按照 word 字段进行 groupby），每个单词的查询会被路由到 TridentState 对象管理和更新这个单词的分区去执行。

接下来，用 FilterNull 过滤器把从未出现过的单词给过滤掉（说明没有查询该单词），并使用 Sum 聚合器将这些 count 累加起来得到结果。最终，Trident 会自动把结果发送回等待的客户端。

Trident 在如何最大限度地保证执行 topogloy 性能方面是非常智能的。在 topology 中会自动发生两件非常有意思的事情。

（1）读取和更新状态的操作。例如，stateQuery 和 persistentAggregate 会自动地批量处理。如果当前处理的 batch 中有 20 次更新需要被同步到存储中，Trident 会自动把这些操作汇总到一起，只做一次读一次写，而不是进行 20 次读 20 次写的操作。因此可以在方便执行计算的同时，保证了非常好的性能。

（2）Trident 的聚合器已经是被优化得非常好。Trident 并不是简单地把一个 group 中所有的 tuples 都发送到同一个机器上面进行聚合，而是在发送之前已经进行过一次部分的聚合。例如，count 聚合器会先在每个 partition 上面进行 count，然后把每个分片 count 汇总到一起得到最终的 count。这个技术就与 MapReduce 里面的 combiner 是一个思想。

下面再来看一下 Trident 的另外一个例子。

12.1.2 Reach

这个例子是一个纯粹的 DRPC topology，这个 topology 会计算一个给定 URL 的 reach 值，reach 值是该 URL 对应页面的推文能够送达（Reach）的用户数量，那么就把这个数量叫作这个 URL 的 reach。要计算 reach，需要获取转发过这个推文的所有人，然后找到所有转发者的粉丝，并将这些粉丝去重，最后得到去重后的用户的数量。如果把计算 reach 的整个过程都放在一台机器上面，就太困难了，因为需要数千次数据库调用以及千万级别数量的 tuple。如果使用 Storm 和 Trident，就可以把这些计算步骤在整个 cluster 中并行进行（具体哪些步骤，可以参考 DRPC 介绍一文，该文介绍过 reach 值的计算方法）。

这个 topology 会读取两个 state 源：一个将该 URL 映射到所有转发该推文的用户列表，还有一个将用户映射到该用户的粉丝列表。topology 的定义如下。

```
TridentState urlToTweeters =
topology.newStaticState(getUrlToTweetersState());
TridentState tweetersToFollowers =
topology.newStaticState(getTweeterToFollowersState());
topology.newDRPCStream("reach")
.stateQuery(urlToTweeters,new Fields("args"),new MapGet(),new Fields("tweeters"))
.each(new Fields("tweeters"), new ExpandList(), new Fields("tweeter"))
.shuffle()
.stateQuery(tweetersToFollowers, new Fields("tweeter"), new MapGet(), new Fields
("followers"))
.parallelismHint(200)
.each(new Fields("followers"), new ExpandList(), new Fields("follower"))
.groupBy(new Fields("follower"))
.aggregate(new One(), new Fields("one"))
.parallelismHint(20)
.aggregate(new Count(), new Fields("reach"));
```

这个 topology 使用 newStaticState 方法创建了 TridentState 对象来代表一个外部数据库。使用这个 TridentState 对象，可以在这个 topology 上面进行动态查询。和所有的 state 源一样，在这些数据库上面的查找会自动被批量执行，从而最大限度地提升效率。

这个 topology 的定义是非常简单的，它仅是一个批处理的任务。

首先，查询 urlToTweeters 数据库来得到转发过这个 URL 的用户列表。这个查询会返回一个 tweeter 列表，因此使用 ExpandList 函数把其中的每一个 tweeter 转换成一个 tuple。

接下来，我们获取每个 tweeter 的 follower。可以使用 shuffle 把要处理的 tweeter 均匀地分配到 toplology 运行的每一个 Worker 中并发去处理，然后查询 tweetersToFollowers 数据库，从而得到每个转发者的粉丝。可以看到，我们为 topology 的这部分分配了很大的并行度，因为这部分是整个 topology 中最耗资源的。

随后，对这些粉丝进行去重和计数。这分为如下两步：①通过 follower 字段对流进行分组，并对每个组执行 One 聚合器。One 聚合器对每个分组简单地发送一个 tuple，该 tuple 仅包含一个数字 1。②将这些 1 加到一起，得到去重后的粉丝集中的粉丝数。One 聚合器的定义如下。

```
public class One implements CombinerAggregator<Integer> {
    public Integer init(TridentTuple tuple) {
        return 1;
    }
    public Integer combine(Integer val1, Integer val2) {
        return 1;
    }
    public Integer zero() {
        return 1;
    }
}
```

这是一个汇总聚合器（combiner aggregator），它会在传送结果到其他 Worker 汇总之前进行局部汇总，从而使性能最优。同样，Sum 被定义成一个汇总聚合器，在 topology 的最后部分进行全局求和是高效的。

接下来一起来看看 Trident 的一些细节。

12.1.3　字段和元组

Trident 的数据模型是 TridentTuple。在一个 topology 中，tuple 是在一系列的处理操作（operation）中增量生成的。operation 一般以一组字段作为输入并输出一组功能字段（function fileds）。Operation 的输入字段经常是输入 tuple 的一个子集，而功能字段则是 operation 的输出。

看下面这个例子。假定有一个叫作"stream"的 stream，它包含"x""y""z"三个字段。为了运行一个读取"y"作为输入的过滤器 MyFilter，可以这样写：

```
stream.each(new Fields("y"),new MyFilter())
```

MyFilter 的实现如下：

```
public class MyFilter extends BaseFilter {
    public boolean isKeep(TridentTuple tuple) {
        return tuple.getInteger(0)<10;
    }
}
```

这会保留所有"y"字段小于 10 的 tuples。传给 MyFilter 的 TridentTuple 参数将只包含字段"y"。需要注意的是，当选择输入字段时，Trident 只发送 tuple 的一个子集，这个操作是非常高效的。

让我们一起看一下功能字段（function field）是怎样工作的。假定有如下这个函数：

```
public class AddAndMultiply extends BaseFunction {
    public void execute(TridentTuple tuple, TridentCollector collector) {
        int i1 = tuple.getInteger(0);
        int i2 = tuple.getInteger(1);
        collector.emit(new Values(i1 + i2, i1* i2));
    }
}
```

这个函数接收两个数作为输入并输出两个新的值：这两个数的和与乘积。假定有一个 stream，其中包含"x""y"和"z"三个字段。可以这样使用这个函数：

```
stream.each(new Fields("x","y"), new AddAndMultiply(), new Fields("added", "multiplied"));
```

输出的功能字段被添加到输入 tuple 后面，这个时候，每个 tuple 中将会有 5 个字段"x""y""z""added""multiplied"，"added"和"multiplied"对应于 AddAndMultiply 输出的第一和第二个字段。

另外，可以使用聚合器来将输出字段替换输入 tuple。如果有一个 stream 包含字段"val1""val2"，可以这样做：

```
stream.aggregate(new Fields("val2"),new Sum(), new Fields("sum"))
```

输出流将会仅包含一个 tuple，该 tuple 有一个 sum 字段，该 sum 字段就是一批 tuple 中 val2 字段的累积和。但是若对 groupby 之后的流进行该聚合操作，则输出 tuple 中包含分组字段和聚合器输出的字段，例如

```
stream.groupBy(new Fields("val1"))
    .aggregate(new Fields("val2"), new Sum(), new Fields("sum"))
```

这个例子中的输出包含 val1 字段和 sum 字段。

12.1.4 状态

在实时计算领域，怎样管理状态并轻松应对错误和重试是个主要问题。消除错误是不可能的，当一个节点死掉，或者一些其他的问题出现时，这些 batch 需要被重新处理。问题是，怎样做状态更新来保证每一个消息被处理且只被处理一次？

这是一个很棘手的问题，可以用接下来的例子进一步说明。假定做一个 stream 的计数聚合，并且想要存储运行时的 count 到一个数据库中。如果只是存储这个 count 到数据库中，并且想要进行一次更新，是没有办法知道同样的状态是不是以前已经被 update 过了。这次更新可能在之前就尝试过，并且已经成功地更新到数据库中，不过在后续的步骤中失败了。还有可能是在上次更新数据库的过程中失败了，这些都不知道。

Trident 通过做下面两件事情来解决这个问题。

（1）每一个 batch 被赋予一个唯一标识 id"transaction id"。如果一个 batch 被重试，它将会拥有和之前同样的 transaction id。

（2）状态更新是按照 batch 的顺序进行的（强顺序）。也就是说，batch 3 的状态更新必须等到 batch 2 的状态更新成功之后才可以进行。

有了这两个原则，就可以达到有且只有一次更新的目标。此时，不是只将 count 存到数据库中，而是将 transaction id 和 count 作为原子值存到数据库中。当更新一个 count 时，需要比较数据库中 transaction id 和当前 batch 的 transaction id。如果相同，就跳过这次更新；如果不同，就更新这个 count。

当然，不需要在 topology 中手动处理这些逻辑，这些逻辑已经被封装在 State 的抽象中并自动进行。State object 也不需要自己去实现 transaction id 的跟踪操作。如果想了解更多的关于如何实现一个 State 以及在容错过程中的一些取舍问题，可以参照这篇文章。

一个 State 可以采用任何策略来存储状态，它可以存储到一个外部的数据库，也可以在内存中保持状态并备份到 HDFS 中。State 并不需要永久地保持状态。例如，有一个内存版的 State 实现，它保存最近 X 个小时的数据并丢弃旧的数据。可以把 Memcached integration 作为例子来看看 State 的实现。

12.1.5 Trident topology 的执行

Trident 的 topology 会被编译成尽可能高效的 Storm topology。只有在需要对数据进行重新分配（repartition）时（如 groupby 或者 shuffle），才会把 tuple 通过 network 发送出去。如果有一个 Trident topology 如图 12-2 所示，它将会被编译成如图 12-3 所示的 Storm topology。

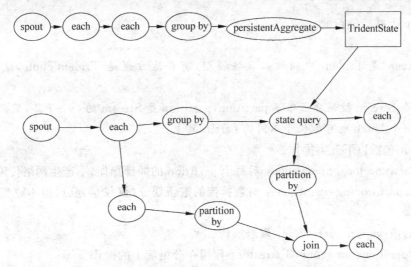

图 12-2 Trident topology

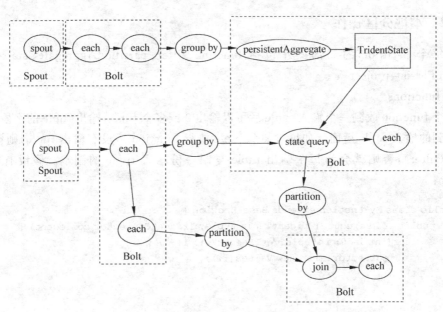

图 12-3 Storm topology

可以看出，Trident 使实时计算更加优雅。使用 Trident 的 API 来完成大吞吐量的流式计算、状态维护、低延时查询等功能，不但可以使 Trident 获取最大性能，还可以以更自然的一种方式进行实时计算。

12.2 Trident 接口

12.2.1 综述

Stream 是 Trident 中的核心数据模型，它被当作一系列的 batch 来处理。在 Storm 集群的节点之间，一个 stream 被划分成很多 partition（分区），对流的操作（operation）是在每个 partition 上并行进行的。

注意：

① Stream 是 Trident 中的核心数据模型，有些地方说是 TridentTuple，没有标准的说法。

② 一个 Stream 被划分成很多 partition，partition 是 Stream 的一个子集，里面可能有多个 batch，一个 batch 也可能位于不同的 partition 上。

Trident 包括以下五类操作。

（1）Partition-local operations：对每个 partition 的局部操作，不产生网络传输。

（2）Repartitioning operations：对数据流的重新划分（仅仅是划分，但不改变内容），产生网络传输。

（3）Aggregation operations：聚合操作。

（4）Operations on grouped streams：作用在分组流上的操作。

（5）Merge、Join 操作。

12.2.2 本地分区操作

对每个 partition 的局部操作包括 function、filter、partitionAggregate、stateQuery、partitionPersist、project 等。

1. functions

一个 function 收到一个输入 tuple 后可以输出 0 或多个 tuple，输出 tuple 的字段被追加到接收到的输入 tuple 后面。如果对某个 tuple 执行 function 后没有输出 tuple，则该 tuple 被过滤（filter），否则就会为每个输出 tuple 复制一份输入 tuple 的副本。假设有如下的 function：

```java
public class MyFunction extends BaseFunction {
    public void execute(TridentTuple tuple, TridentCollector collector) {
        for(int i= 0; i<tuple.getInteger(0); i++ ) {
            collector.emit(new Values(i));
        }
    }
}
```

假设有个 mystream 的流（Stream），该流中有如下 tuple（tuple 的字段为["a","b","c"]）：

[1,2,3]
[4,1,6]
[3,0,8]

运行下面的代码：

```
mystream.each(new Fields("b"),new MyFunction(), new Fields("d"))
```

则输出 tuple 中的字段为["a","b","c","d"]，如下所示：

[1,2,3,0]
[1,2,3,1]
[4,1,6,0]

2. filters

filter 收到一个输入 tuple 后可以决定是否留着这个 tuple，看下面的 filter。

```
public class MyFilter extends BaseFunction {
    public boolean isKeep(TridentTuple tuple) {
        return tuple.getInteger(0) == 1 && tuple.getInteger(1) == 2;
    }
}
```

假设有如下这些 tuple(包含的字段为["a","b","c"])：

[1,2,3]
[2,1,1]
[2,3,4]

运行下面的代码：

```
mystream.each(new Fields("b","a"),new MyFilter())
```

则得到的输出 tuple 为：

[2,1,1]

3. partitionAggregate

partitionAggregate 对每个 partition 执行一个 function 操作(实际上是聚合操作)，但它不同于上面的 functions 操作，partitionAggregate 的输出 tuple 将会取代收到的输入 tuple，如下面的例子。

```
mystream.partitionAggregate(new
Fields("b"),
new
Sum(), new
Fields("sum"))
```

假设输入流包括字段["a","b"]，并有下面的 partitions：

Partition 0:
["a", 1]
["b", 2]
Partition 1:
["a", 3]
["c", 8]
Partition 2:
["e", 1]
["d", 9]
["d", 10]

则这段代码的输出流包含如下 tuple，且只有一个 sum 的字段。

Partition 0:
[3]
Partition 1:

```
[11]
Partition 2:
[20]
```

上面代码中的 new Sum()实际上是一个聚合器(aggregator),定义一个聚合器有三种不同的接口：CombinerAggregator、ReducerAggregator 和 Aggregator。

下面是 CombinerAggregator 接口。

```
public interface CombinerAggregator extends Serializable {
    T init(TridentTuple tuple);
    T combine(T val1, T val2);
    T zero();
}
```

一个 CombinerAggregator 仅输出一个 tuple(该 tuple 也只有一个字段)。每收到一个输入 tuple,CombinerAggregator 就会执行 init()方法(该方法返回一个初始值),并且用 combine()方法汇总这些值,直到剩下一个值为止(聚合值)。如果 partition 中没有 tuple,CombinerAggregator 会发送 zero()的返回值。下面是聚合器 Count 的实现。

```
public class Count implements CombinerAggregator {
    public Long init(TridentTuple tuple) {
        return 1L;
    }
    public Long combine(Long val1, Long val2) {
        return val1 + val2;
    }
    public Long zero() {
        return 0L;
    }
}
```

当使用 aggregate()方法代替 partitionAggregate()方法时,就能看到 CombinerAggregation 带来的好处。这种情况下,Trident 会自动优化计算,先做局部聚合操作,然后再通过网络传输 tuple 进行全局聚合。

ReducerAggregator 接口如下：

```
public interface ReducerAggregator extends Serializable {
    T init();
    T reduce(T curr, TridentTuple tuple);
}
```

ReducerAggregator 使用 init()方法产生一个初始值,对于每个输入 tuple,依次迭代这个初始值,最终产生一个单值输出 tuple。下面示例说明如何将 Count 定义为 ReducerAggregator。

```
public class Count implements ReducerAggregator {
    public Long init() {
        return 0L;
    }
```

```
    public Long reduce(Long curr, TridentTuple tuple) {
        return curr + 1;
    }
}
```

通用的聚合接口是 Aggregator,如下所示:

```
public interface Aggregator extends Operation {
    T init(Object batchId, TridentCollector collector);
    void aggregate(T state, TridentTuple tuple, TridentCollector collector);
    void complete(T state, TridentCollector collector);
}
```

Aggregator 可以输出任意数量的 tuple,且这些 tuple 的字段可以有多个。执行过程中的任何时候都可以输出 tuple(三个方法的参数中都有 collector)。Aggregator 的执行方式如下。

(1) 处理每个 batch 之前调用一次 init()方法,该方法的返回值是一个对象,代表 aggregation 的状态,并且会传递给下面的 aggregate()和 complete()方法。

(2) 每收到一个该 batch 中的输入 tuple 就会调用一次 aggregate,该方法中可以更新状态(第一点中 init()方法的返回值)。

(3) 当该 batch partition 中的所有 tuple 都被 aggregate()方法处理完之后调用 complete 方法。

注意:理解 batch、partition 之间的区别将会更好地理解上面的几个方法。

下面的代码将 Count 作为 Aggregator 实现。

```
public class CountAgg extends BaseAggregator {
    static class CountState {
        long count = 0;
    }
    public CountState init(Object batchId, TridentCollector collector) {
        return new CountState();
    }
     public void aggregate(CountState state, TridentTuple tuple, TridentCollector collector) {
        state.count+= 1;
    }
    public void complete(CountState state, TridentCollector collector) {
        collector.emit(new Values(state.count));
    }
}
```

有时需要同时执行多个聚合操作,这可以使用链式操作完成。

```
mystream.chainedAgg()
        .partitionAggregate(new Count(), new Fields("count"))
        .partitionAggregate(new Fields("b"), new Sum(), new Fields("sum"))
        .chainEnd()
```

这段代码将会对每个 partition 执行 Count 和 Sum 聚合器,并输出一个 tuple(字段为

["count","sum"])。

4. project

经 Stream 中的 project 方法处理后的 tuple 仅保持指定字段(相当于过滤字段)。例如，mystream 中的字段为["a","b","c","d"]，执行下面代码：

```
mystream.project(new Fields("b","d"))
```

则输出流将仅包含["b","d"]字段。

12.2.3 重新分区操作

Repartition 操作可以改变 tuple 在各个 task 上的划分。Repartition 也可以改变 Partition 的数量。Repartition 需要网络传输。下面都是 Repartition 操作。

(1) shuffle：随机将 tuple 均匀地分发到目标 partition 里。

(2) broadcast：每个 tuple 被复制到所有的目标 partition 里，在 DRPC 中有用，可以在每个 partition 上使用 stateQuery。

(3) partitionBy：对每个 tuple 选择 partition 的方法是(该 tuple 指定字段的 hash 值)mod (目标 partition 的个数)，该方法确保指定字段相同的 tuple 能够被发送到同一个 partition。但同一个 partition 里可能有字段不同的 tuple。

(4) global：所有的 tuple 都被发送到同一个 partition。

(5) batchGlobal：确保同一个 batch 中的 tuple 被发送到相同的 partition 中。

(6) patition：该方法接受一个自定义分区的 function。

12.2.4 群聚操作

Trident 中有 aggregate()和 persistentAggregate()方法对流进行聚合操作。aggregate()在每个 batch 上独立地执行，persistemAggregate()对所有 batch 中的所有 tuple 进行聚合，并将结果存入 state 源中。

aggregate()对流做全局聚合，当使用 ReduceAggregator 或者 Aggregator 聚合器时，流先被重新划分成一个大分区(仅有一个 partition)，然后对这个 partition 做聚合操作。另外，当使用 CombinerAggregator 时，Trident 首先对每个 partition 局部聚合，然后将所有这些 partition 重新划分到一个 partition 中，完成全局聚合。相比而言，CombinerAggregator 更高效，推荐使用。

下面的例子使用 aggregate()对一个 batch 操作，得到一个全局的 count。

```
mystream.aggregate(new Count(),new Fields("count"))
```

同在 partitionAggregate 中一样，aggregate 中的聚合器也可以使用链式用法。但是，如果将一个 CombinerAggregator 链到一个非 CombinerAggregator 后面，Trident 就不能做局部聚合优化。

12.2.5 流分组操作

groupBy 操作先对流中的指定字段做 partitionBy 操作，让指定字段相同的 tuple 能被发送到同一个 partition 里，然后在每个 partition 里根据指定字段值对该分区里的 tuple 进行分组。图 12-4 演示了 groupBy 操作的过程。

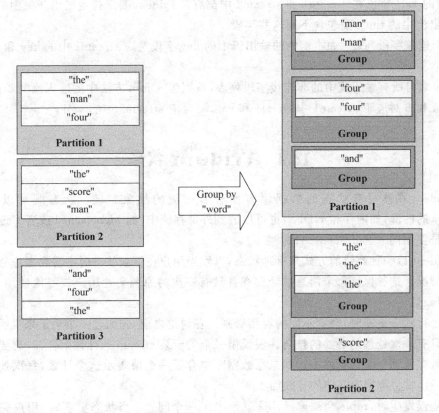

图 12-4 groupBy 操作过程

如果在一个 grouped stream 上做聚合操作,聚合操作将会在每个分组(group)内进行,而不是在整个 batch 上。GroupStream 类中也有 persistentAggregate 方法,该方法聚合的结果将会存储在一个 key 值为分组字段(即 groupBy 中指定的字段)的 MapState 中,这些还是在 Trident state 一文中讲解。

和普通的 stream 一样,groupstream 上的聚合操作也可以使用链式语法。

12.2.6　合并和连接

最后一部分内容是关于将几个 stream 汇总到一起,最简单的汇总方法是将它们合并成一个 stream,这个可以通过 TridentTopology 中的 merge 方法完成,代码如下:

```
topology.merge(stream1,stream2,stream3);
```

Trident 指定新的合并之后的流中的字段为 stream1 中的字段。

另一种汇总方法是使用 join(连接,类似于 sql 中的连接操作)。下面代码在 stream1 (["key","val1","val2"])和 stream2[,"val1"]两个流之间做连接操作。

```
topology.join(stream1,new Fields("key"),stream2, new Fields("x"),new Fields
("key","a","b","c"));
```

上面这个连接操作使用 key 和 x 字段作为连接字段。由于输入流中有重叠的字段名（如上面的 val1 字段在 stream1 和 stream2 中都有），Trident 要求指定输出新流中的所有字段。输出流中的 tuple 要包含下面这些字段。

（1）连接字段列表：如本例中的输出流中的 key 字段对应 stream1 中的 key 和 stream2 中的 x。

（2）来自所有输入流中的非连接字段列表，按照传入 join 方法中的输入流的顺序，如本例中的 a 和 b 对应于 stream1 中的 val1 和 val2，c 对应 stream2 中的 val1。

12.3 Trident 状态

Trident 在读写有状态的数据源方面有着一流的抽象封装。状态既可以保留在 topology 的内部，如内存和 HDFS，也可以放到外部存储中，如 Memcached 或者 Cassandra。这些都是使用同一套 Trident API。

Trident 以一种容错的方式来管理状态，以致当用户在更新状态时不需要考虑错误以及重试的情况。这种保证每个消息被处理有且只有一次的原理会让用户放心地使用 Trident 的 topology。

在进行状态更新时，会有不同的容错级别。在讨论之前，先通过一个例子来说明如何达到有且只有一次处理的必要的技巧。假设做一个关于某 stream 的计数聚合器，想要把运行中的计数存放到一个数据库中。如果在数据库中存了一个值表示这个计数，每次处理一个 tuple 之后，就将数据库存储的计数加 1。

当错误发生时，tuple 会被重播。这就带来了一个问题：当状态更新时，用户完全不知道是不是在之前已经成功处理过这个 tuple。也许之前从来没处理过这个 tuple，这样就应该把 count 加 1。另外一种可能就是之前是成功处理过这个 tuple，但是在其他的步骤处理这个 tuple 时失败了（如 ack 丢失），在这种情况下，就不应该将 count 加 1。再者，用户曾经接收过这个 tuple，但是上次处理这个 tuple 时，更新数据库失败了，这种情况也应该更新数据库。

如果只是简单地存计数到数据库，用户完全不知道这个 tuple 之前是否已经被处理过，所以需要更多的信息来做正确的决定。Trident 提供了下面的语义来实现有且只有一次被处理的目标。

（1）Tuples 被分成小的集合（一组 tuple 被称为一个 batch）进行批量处理。

（2）每一批 tuples 被给定一个唯一 ID 作为事务 ID（txid）。当这一批 tuple 被重播时，txid 不变。

（3）批与批之间的状态更新是严格顺序的。例如，第三批 tuple 的状态的更新必须等到第二批 tuple 的状态更新成功之后才可以进行。

有了这些定义，用户的状态实现可以检测当前这批 tuple 是否以前处理过，并根据不同的情况进行不同的处理，这个处理取决于输入 Spout。有三种不同类型的可以容错的 Spout：non-transactional、transactional 和 opaque transactional。对应也有三种容错的状态：non-transactional，transactional 和 opaque transactional。下面来看看每一种 Spout 类型能够支持什么样的容错类型。

12.3.1 事务 spouts

Trident 是以小批量（batch）的形式在处理 tuple，并且每一批都会分配一个唯一的 transaction id。不同 Spout 的特性不同，一个 transactional spout 会有如下这些特性。

（1）有着同样 txid 的 batch 一定是一样的。当重播一个 txid 对应的 batch 时，一定会重播和之前对应 txid 的 batch 中同样的 tuples。

（2）各个 batch 之间是没有交集的，每个 tuple 只能属于一个 batch。

（3）每一个 tuple 都属于一个 batch，无一例外。

这是一类非常容易理解的 Spout，tuple 流被划分为固定的 batch 并且永不改变。（trident-kafka 有一个 transactional spout 的实现。）

有人也许会问：为什么我们不总是使用 transactional spout？这很容易理解。一个原因是，不是所有的地方都需要容错。举例来说，TransactionalTridentKafkaSpout 工作的方式是一个 batch 包含的 tuple 来自某个 kafka topic 中的所有 partition。一旦这个 batch 被发出，在任何时候如果这个 batch 被重新发出，它必须包含原来所有的 tuple 以满足 transactional spout 的语义。现在假定一个 batch 被 TransactionalTridentKafkaSpout 所发出，这个 batch 没有被成功处理，并且同时 kafka 的一个节点也关闭了，就无法像之前一样重播一个完全一样的 batch（因为 kafka 的节点关闭，该 Topic 的一部分 partition 可能会无法使用），整个处理会被中断。

这也就是"opaque transactional" spouts（不透明事务 Spout）存在的原因，它们对丢失源节点这种情况是容错的，仍然能够帮用户达到有且只有一次处理的语义。后面会对这种 Spout 有所介绍。

在讨论"opaque transactional" spout 之前，先来看看怎样为 transactional spout 设计一个具有 exactly-once 语义的 State 实现。这个 State 的类型是"transactional state"，并且它利用了任何一个 txid 总是对应同样的 tuple 序列这个语义。

假设有一个用来计算单词出现次数的 topology，想要将单词的出现次数以 key/value 对的形式存储到数据库中。key 就是单词，value 就是这个单词出现的次数。用户已经看到只是存储一个数量是不足以知道是否已经处理过一个 batch 的。可以通过将 value 和 txid 一起存储到数据库中。这样，当更新这个 count 之前，可以先去比较数据库中存储的 txid 和现在要存储的 txid。如果一样，就跳过什么都不做，因为这个 value 之前已经被处理过了。如果不一样，就执行存储。这个逻辑可以工作的前提就是 txid 永不改变，并且 Trident 保证状态的更新是在 batch 之间严格顺序进行的。

考虑下面这个例子的运行逻辑，假设用户在处理一个 txid 为 3 的包含下面 tuple 的 batch：

```
["man"]
["man"]
["dog"]
```

假设数据库中当前保存了下面这样的 key/value 对：

```
man => [count=3, txid=1]
dog => [count=4, txid=3]
apple => [count=10, txid=2]
```

单词 man 对应的 txid 是 1。因为当前的 txid 是 3，可以确定用户还没有为这个 batch 中的 tuple 更新过这个单词的数量，所以可以放心地给 count 加 2 并更新 txid 为 3。与此同时，单词 dog 的 txid 和当前的 txid 是相同的，因此可以跳过这次更新。此时数据库中的数据如下：

```
man => [count=5, txid=3]
dog => [count=4, txid=3]
apple => [count=10, txid=2]
```

接下来我们再来看看 opaque transactional spout，以及怎样去为这种 spout 设计相应的 state。

12.3.2 透明事务 spouts

正如之前说过的，opaque transactional spout 并不能确保一个 txid 所对应的 batch 的一致性。一个 opaque transactional spout 有如下特性：每个 tuple 只在一个 batch 中被成功处理。然而，一个 tuple 在一个 batch 中被处理失败后，有可能在另外一个 batch 中被成功处理。

OpaqueTridentKafkaSpout 是一个拥有这种特性的 Spout，并且它是容错的，即使 Kafka 的节点丢失。当 OpaqueTridentKafkaSpout 发送一个 batch 时，它会从上个 batch 成功结束发送的位置开始发送一个 tuple 序列，确保永远没有任何一个 tuple 会被跳过或者被放在多个 batch 中被多次成功处理的情况。

使用 opaque transactional spout，再使用和 transactional spout 相同的处理方式，判断数据库中存放的 txid 和当前 txid 做对比已经不好用了。因为在 state 的更新过程中，batch 可能已经变了。

用户只能在数据库中存储更多的信息。除了 value 和 txid，还需要存储之前的数值在数据库中。让我们还是用上面的例子来说明这个逻辑。假定当前 batch 中对应的 count 是 2，并且需要进行一次状态更新。当前数据库中存储的信息如下：

```
{ value = 4, prevValue = 1, txid = 2 }
```

如果当前的 txid 是 3，和数据库中的 txid 不同，那么就将 value 中的值设置到 prevValue 中，根据当前的 count 增加 value 的值并更新 txid。更新后的数据库信息如下：

```
{ value = 6, prevValue = 4, txid = 3 }
```

现在再假定当前 txid 是 2，和数据库中存放的 txid 相同。这就说明数据库里面 value 中的值包含之前一个和当前 txid 相同的 batch 更新。但是上一个 batch 和当前这个 batch 可能已经完全不同了，以至于需要无视它。在这种情况下，需要在 prevValue 的基础上加上当前 count 的值并将结果存放到 value 中。数据库中的信息如下：

```
{ value = 3, prevValue = 1, txid = 2 }
```

因为 Trident 保证了 batch 之间的强顺序性，因此这种方法是有效的。一旦 Trident 去处理一个新的 batch，它就不会重新回到之前的任何一个 batch，并且由于 opaque transactional spout 确保在各个 batch 之间没有共同成员，每个 tuple 只会在一个 batch 中被成功处理,可以安全地在之前的值上进行更新。

12.3.3 非事务 spouts

Non-transactional Spout(非事务 Spout)不确保每个 batch 中 tuple 的规则(是否重叠),如果 tuple 被处理失败不重发则该 tuple 最多被处理一次,如果 tuple 在不同的 batch 中被多次成功处理,它也可能会至少处理一次。无论怎样,这种 Spout 是不可能实现有且只有一次被成功处理的语义。

12.3.4 Spout 和 State 总结

图 12-5 展示了哪些 Spout 和 State 的组合能够实现有且只有一次被成功处理的语义。

		State		
		Non-transactional	Transactional	Opaque transactional
Spout	Non-transactional	No	No	No
	Transactional	No	Yes	Yes
	Opaque transactional	No	No	Yes

图 12-5 Spout 和 State 结合实现一次处理

Opaque transactional state 有着最为强大的容错性,但是这是以存储更多的信息作为代价的。Transactional states 需要存储较少的状态信息,但是仅能和 transactional spouts 协同工作。non-transactional state 所需要存储的信息最少,但是却不能实现有且只有一次被成功处理的语义。State 和 Spout 类型的选择其实是一种在容错性和存储消耗之间的权衡,用户的应用需要决定哪种组合更适合用户。

12.3.5 State 应用接口

已经看到,实现有且只有一次被执行的语义的复杂性。Trident 这样做的好处是把所有涉及容错的逻辑都放在了 State 里面,作为一个用户,并不需要自己去处理复杂的 txid,存储多余的信息到数据库中,或者任何其他类似的事情。只需要写如下这样简单的代码:

```
TridentTopology topology = new TridentTopology();
TridentState wordCounts = topology.newStream("spout1", spout)
.each(new Fields("sentence"), new Split(), new Fields("word"))
.groupBy(new Fields("word"))
.persistentAggregate(MemcachedState.opaque(serverLocations), new Count(), new Fields("count"))
.parallelismHint(6);
```

所有管理 opaque transactional state 所需的逻辑都在 MemcachedState.opaque 方法的调用中被涵盖了，除此之外，数据库的更新会自动以 batch 的形式来进行，以避免多次访问数据库。State 的基本接口只包含下面两个方法。

```
public interface State {
    void beginCommit(Long txid); //can be null for things like partitionPersist
//occurring off a DRPC stream
    void commit(Long txid);
}
```

当一个 State 更新开始时，以及当一个 State 更新结束时都会被告知，并且会告知该次的 txid。Trident 并没有对 State 的工作方式有任何的假定。

假定已经搭了一套数据库来存储用户位置信息，并且想要在 Trident 中访问它，则在 State 的实现中应该有用户信息的 set、get 方法。

```
public class LocationDB implements State {
    public void beginCommit(Long txid) {
    }
    public void commit(Long txid) {
    }
    public void setLocation(long userId, String location) {
      //code to access database and set location
    }
    public String getLocation(long userId) {
      //code to get location from database
    }
}
```

还需要提供给 Trident 一个 StateFactory 在 Trident 的 task 中创建 State 对象。LocationDB 的 StateFactory 可能如下所示。

```
public class LocationDBFactory implements StateFactory {
   public State makeState(Map conf, int partitionIndex, int numPartitions) {
      return new LocationDB();
   }
}
```

Trident 提供了一个 QueryFunction 接口，用来实现 Trident 中在一个 state source 上查询的功能，同时还提供了一个 StateUpdater 来实现 Trident 中更新 state source 的功能。例如，写一个查询地址的操作，这个操作会查询 LocationDB 来找到用户的地址。下面以怎样在 topology 中使用该功能开始，假定这个 topology 会接收一个用户 id 作为输入数据流。

```
TridentTopology topology = new TridentTopology();
TridentState locations = topology.newStaticState(new LocationDBFactory());
topology.newStream("myspout", spout)
   .stateQuery(locations, new Fields("userid"), new QueryLocation(), new Fields
("location"));
```

下面是 QueryLocation 的实现方式。

```java
public class QueryLocation extends BaseQueryFunction<LocationDB, String> {
    public List<String> batchRetrieve(LocationDB state, List<TridentTuple> inputs) {
        List<String> ret = new ArrayList();
        for(TridentTuple input: inputs) {
            ret.add(state.getLocation(input.getLong(0)));
        }
        return ret;
    }
    public void execute(TridentTuple tuple, String location, TridentCollector collector) {
        collector.emit(new Values(location));
    }
}
```

QueryFunction 的执行分为两部分：首先 Trident 收集了一个 batch 的 read 操作并把它们统一交给 batchRetrieve。在这个例子中，batchRetrieve 会接收到多个用户 id。batchRetrieve 应该返还一个大小和输入 tuple 数量相同的 result 列表。result 列表中的第一个元素对应第一个输入 tuple 的结果，result 列表中的第二个元素对应第二个输入 tuple 的结果，以此类推。

可以看到，这段代码并没有像 Trident 那样很好地利用 batch 的优势，而是为每个输入 tuple 去查询了一次 LocationDB。一种更好地操作 LocationDB 方式应该如下：

```java
public class LocationDB implements State {
    public void beginCommit(Long txid) {
    }
    public void commit(Long txid) {
    }
    public void setLocationsBulk(List<Long> userIds, List<String> locations) {
        //set locations in bulk
    }
    public List<String> bulkGetLocations(List<Long> userIds) {
        //get locations in bulk
    }
}
```

接着，可以这样改写上面的 QueryLocation。

```java
public class QueryLocation extends BaseQueryFunction<LocationDB, String> {
    public List<String> batchRetrieve(LocationDB state, List<TridentTuple> inputs) {
        List<Long> userIds = new ArrayList<Long>();
        for(TridentTuple input: inputs) {
            userIds.add(input.getLong(0));
        }
        return state.bulkGetLocations(userIds);
    }

    public void execute(TridentTuple tuple, String location, TridentCollector collector) {
        collector.emit(new Values(location));
    }
}
```

通过有效减少访问数据库的次数，这段代码比上一个实现会高效得多。

如果要更新 State，就需要使用 StateUpdater 接口。下面是一个 StateUpdater 的例子，用来将新的地址信息更新到 LocationDB 中。

```
public class LocationUpdater extends BaseStateUpdater<LocationDB> {
    public void updateState(LocationDB state, List<TridentTuple> tuples, TridentCollector collector) {
        List<Long> ids = new ArrayList<Long>();
        List<String> locations = new ArrayList<String>();
        for(TridentTuple t: tuples) {
            ids.add(t.getLong(0));
            locations.add(t.getString(1));
        }
        state.setLocationsBulk(ids, locations);
    }
}
```

下面列出了应该如何在 Trident topology 中使用上面声明的 LocationUpdater。

```
TridentTopology topology = new TridentTopology();
TridentState locations = topology.newStream("locations", locationsSpout)
.partitionPersist(new LocationDBFactory(), new Fields("userid", "location"), new LocationUpdater());
```

partitionPersist 操作会更新一个 State，其内部是将 State 和一批更新的 tuple 交给 StateUpdater，由 StateUpdater 完成相应的更新操作。

在这段代码中，只是简单地从输入的 tuple 中提取出 userid 和对应的 location，一起更新到 State 中。

partitionPersist 会返回一个 TridentState 对象来表示被 Trident topoloy 更新过的 location db，然后就可以使用 State 在 topology 的任何地方进行查询操作。同时可以看到我们传输一个 TridentCollector 给 StateUpdaters，collector 发送的 tuple 就会去往一个新的 stream。在这个例子中，并没有去往一个新的 stream 的需要，但是如果在做一些事情，比如更新数据库中的某个 count，可以发送（emit）更新的 count 到这个新的 stream，然后可以通过调用 TridentState#newValuesStream 方法来访问这个新的 Stream 进行其他的处理。

12.3.6 MapState 的更新

Trident 有另外一种更新 State 的方法叫作 persistentAggregate。这在之前的 word count 例子中应该已经见过了，如下所示：

```
TridentTopology topology = new TridentTopology();
TridentState wordCounts = topology.newStream("spout1", spout)
.each(new Fields("sentence"), new Split(), new Fields("word"))
.groupBy(new Fields("word"))
.persistent Aggregate (new MemoryMapState.Factory(), new Count(), new Fields("count"));
```

persistentAggregate 是在 partitionPersist 上的另外一层抽象，它知道怎么去使用一个 Trident 聚合器来更新 State。在这个例子中，因为这是一个 groupedstream，Trident 会期待用户提供的 State 实现了 MapState 接口。用来进行 group 的字段会以 key 的形式存在于 State 中，聚合后的结果会以 value 的形式存储在 State 中。MapState 接口看上去如下所示。

```
public interface MapState<T> extends State {
    List<T> multiGet(List<List<Object>> keys);
    List<T> multiUpdate(List<List<Object>> keys, List<ValueUpdater> updaters);
    void multiPut(List<List<Object>> keys, List<T> vals);
}
```

在一个非 groupedstream 上面进行聚合时，Trident 会期待 State 实现 Snapshottable 接口。

```
public interface Snapshottable<T> extends State {
    T get();
    T update(ValueUpdater updater);
    void se(T o);
}
```

MemoryMapState 和 MemcachedState 分别实现了上面的两个接口。

12.3.7 执行 MapState

在 Trident 中实现 MapState 是非常简单的，它几乎帮人们做了所有的事情。OpaqueMap、TransactionalMap 和 NonTransactionalMap 类实现了所有相关的逻辑，包括容错的逻辑。只需要将一个 IBackingMap 的实现提供给这些类就可以了。IBackingMap 接口如下所示。

```
public interface IBackingMap<T> {
    List<T> multiGet(List<List<Object>> keys);
    void multiPut(List<List<Object>> keys, List<T> vals);
}
```

OpaqueMap 会用 OpaqueValue 的 value 来调用 multiPut() 方法，TransactionalMaps 会提供 TransactionalValue 中的 value，而 NonTransactionalMaps 只是简单地把从 topology 获取的 object 传递给 multiPut。

Trident 还提供了一种 CachedMap 类进行自动的 LRU cache。

另外，Trident 提供了 SnapshottableMap 类将一个 MapState 转换成一个 Snapshottable 对象。

大家可以看看 MemcachedState 的实现，从而学习怎样将这些工具组合在一起形成一个高性能的 MapState 实现。MemcachedState 允许用户选择使用 opaque transactional，transactional，还是 non-transactional 语义。

12.4 Trident-ML：基于 storm 的实时在线机器学习库

Trident-ML 是一个实时在线机器学习库，它运行通过可伸缩的在线学习算法创建的实时预测特征。这个库基于 Storm，其包含的算法设计用于有限的内存和有限的计算时间的场景，但是不适用于分布式计算。

Trident-ML 目前支持线性分类（Perceptron，Passive-Aggresive，Winnow，AROW）、线性回归（Perceptron，Passive-Aggresive）、聚类（KMeans）、特征缩放（standardization，normalization）、文本特征提取、流统计（mean，variance）、经过训练的 Twitter 情绪分类器等。

1. 创建实例

Trident-ML 的处理对象是由 Instance 或者 TextInstance 这些无限集合实现的无限数据流。创建预测工具的第一步就是创建实例。Trident-ML 提供 Trident 函数将 Trident 元组（tuples）转换为实例。

（1）利用 InstanceCreator 创建实例（Instance）。

```
TridentTopology toppology = newTridentTopology();
toppology
   //发射带有两个随机特征（即 x0 和 x1）的元组以及一个相关联的布尔标签（即 label）
.newStream("randomFeatures", newRandomFeaturesSpout())
   //将 trident tuple 转换为 instance
.each(newFields("label","x0", "x1"), new InstanceCreator<Boolean>(), newFields("instance"));
```

（2）利用 TextInstanceCreator 创建 TextInstance。

```
TridentTopology toppology = newTridentTopology();
toppology
   //发射带有文本和相关联的标签的元组
.newStream("reuters", newReutersBatchSpout())
   //将 trident tuple 转换为 text instance
.each(newFields("label", "text"), new TextInstanceCreator<Integer>(), newFields("instance"));
```

2. 有监督分类

Trident-ML 含有几种不同的算法来做有监督分类。

PerceptronClassifier 实现了一个在基于平均核基础上的感知器的二元分类器。

WinnowClassifier 实现了 Winnow 算法。它可以很好地适用于高维数据，并且当很多维度不相关时，性能优于感知器。

BWinnowClassifier 实现了平衡 Winnow 算法，即原始 Winnow 算法的一个扩展。

AROWClassifier 是自适应权重规范化（Adaptive Regularization of Weights）的一个简单有效的实现，它具有的属性——大量训练（large margin training）、置信度加权（confidence weighting），可以训练不可分数据。

PAClassifier 实现了 Passive-Aggresive binary classifier，后者是一个基于裕量（margin）的学习算法。

MultiClassPAClassifier 是 Passive-Aggresive 算法的一个变种，可以实现多类的分类。这些分类器利用 ClassifierUpdater 从一个标注过的 Instance 数据流进行学习。另一个未标注实例的数据流可以利用 ClassifyQuery 进行分类。

以下示例学习得到 NAND() 函数，分类来自 DRPC 流的实例。

```
TridentTopology toppology = newTridentTopology();
//从标注实例创建感知器状态
TridentState perceptronModel = toppology
    //发射带有标注过的增强 NAND 特征的元组
//即 {label= true, features= [1.0 0.0 1.0]} 或者 {label= false, features= [1.0 1.0 1.0]}
    .newStream("nandsamples", newNANDSpout())
    //更新感知器
    .partitionPersist(newMemoryMapState.Factory(),newFields("instance"),
     new ClassifierUpdater<Boolean> ("perceptron", newPerceptronClassifier()));
//分类来自 DRPC 流的实例
toppology.newDRPCStream("predict", localDRPC)
    //将 DRPC ARGS 转换为无标注实例
    .each(newFields("args"), newDRPCArgsToInstance(), newFields("instance"))
    //利用感知器状态进行分类
    .stateQuery(perceptronModel,newFields("instance"),newClassifyQuery<Boolean>
("perceptron"), newFields("prediction"));
```

Trident-ML 提供 KLDClassifier，它实现了基于 Kullback-Leibler 距离的文本分类器。这里是利用 Reuters 数据集创建新闻分类器的代码。

```
TridentTopology toppology = newTridentTopology();
//从标注实例创建 KLD 分类器状态
TridentState classifierState = toppology
   //发射带有文本和相关联的标签(即 topic)的元组
   .newStream("reuters", newReutersBatchSpout())
   //将 trident tuple 转换为文本实例 (instance)
   .each(newFields("label", "text"), new TextInstanceCreator< Integer >(), newFields
("instance"))
   //更新分类器
. partitionPersist ( newMemoryMapState. Factory ( ), newFields ( " instance "),
newTextClassifierUpdater("newsClassifier", newKLDClassifier(9)));
//分类数据
toppology.newDRPCStream("classify", localDRPC)
   //将 DRPC args 转换为文本实例(instance)
   .each(newFields("args"), new TextInstanceCreator< Integer > (false), newFields
("instance"))
   //通过文本实例查询分类器
   . stateQuery (classifierState, newFields ( " instance "), newClassifyTextQuery
("newsClassifier"), newFields("prediction"));
```

3. 无监督分类

KMeans 是广为人知的 k-means algorithm 算法的实现，它用来将一些实例划分为不同的群组。利用 ClusterUpdater 或者 ClusterQuery 分别更新群组或者查询聚类器。

```
TridentTopology toppology = newTridentTopology();
//训练数据流
TridentState kmeansState = toppology
   //发射元组。它有一个实例,这个实例有一个作为标签的整数和三个 double 型的特征 (x0, x1, x2)
```

```
.newStream("samples", newRandomFeaturesForClusteringSpout())
  //将 trident 元组(tuple)转换为实例(instance)
  .each (newFields ( "label"," x0"," x1"," x2"), newInstanceCreator < Integer > (),
newFields("instance"))
  //更新将样本划分为三类 kmeans 算法
  . partitionPersist ( newMemoryMapState. Factory ( ), newFields ( " instance "),
newClusterUpdater("kmeans", newKMeans(3)));
//对数据流进行聚类
toppology.newDRPCStream("predict", localDRPC)
  //将 DRPC args 转换为 instance
  .each(newFields("args"), newDRPCArgsToInstance(), newFields("instance"))
  //查询 kmeans 来分类实例
  . stateQuery (kmeansState, newFields ( " instance "), newClusterQuery ( " kmeans "),
newFields("prediction"));
```

4. 流统计

流统计,例如平均值、标准差和计数,可以很容易通过 Trident-ML 来计算。这些统计值存储在 StreamStatistics 对象中。统计值的更新和查询分别利用 StreamStatisticsUpdater 和 StreamStatisticsQuery 来执行。

```
TridentTopology toppology = newTridentTopology();
//更新流统计值
TridentState streamStatisticsState = toppology
  //发射带有随机特征的元组
  .newStream("randomFeatures", newRandomFeaturesSpout());
  //将 trident 元组(tuple)转换为实例( instance )
  .each(newFields("x0", "x1"), newInstanceCreator(), newFields("instance"));
  //更新流统计值
  .partitionPersist(newMemoryMapState.Factory(),newFields("instance"),newStream-
StatisticsUpdater("randomFeaturesStream", StreamStatistics.fixed()));
  //查询流统计值 (通过 DRPC)
toppology.newDRPCStream("queryStats", localDRPC)
  //查询流统计值
  . stateQuery (streamStatisticsState, newStreamStatisticsQuery ( " randomFeaturesStream "),
newFields("streamStats"));
```

需要注意的是,Trident-ML 可以滑动窗的形式支持概念漂移。可以使用 StreamStatistics #adaptive(maxSize)而不是 StreamStatistics#fixed()来构造带有长度为 maxSize 的窗口的 StreamStatistics 实现。

5. 预处理数据

数据预处理是数据挖掘中很重要的一步。

Trident-ML 可以提供 Trident()函数将原始特征转换为适于机器学习的描述。

Normalizer 将实例缩放到单位尺度。

```
TridentTopology toppology = newTridentTopology();
  //发射带有两个随机特征 (即 x0 和 x1) 以及一个相关联的布尔标签 (即 label) 的元组
```

```
    .newStream("randomFeatures", newRandomFeaturesSpout())
    //将 trident 元组(tuple)转换为实例( instance )
    .each(newFields("label", "x0", "x1"), new InstanceCreator<Boolean>(), newFields
("instance"))
    //将特征缩放到单位尺度
    .each(newFields("instance"), new Normalizer(), newFields("scaledInstance"));
```

StandardScaler 将原始特征转换为标准正态分布的数据(零均值,单位方差的高斯分布)。它采用 Stream Statistics 减去均值并且缩小方差倍。

```
TridentTopology toppology = newTridentTopology();
toppology
    //发射带有两个随机特征 (即 x0 和 x1) 以及一个相关联的布尔标签 (即 label) 的元组
    .newStream("randomFeatures", newRandomFeaturesSpout())
    //将 trident 元组转换为实例 (instance)
    .each(newFields("label", "x0", "x1"), new InstanceCreator<Boolean>(), newFields
("instance"))
    //更新流统计值
    .partitionPersist(newMemoryMapState.Factory(),newFields("instance"), newStream-
StatisticsUpdater(" streamStats", newStreamStatistics ()), newFields (" instance",
"streamStats")).newValuesStream()

    //利用原始流的统计数据来标准化流数据
    . each (newFields (" instance"," streamStats"), newStandardScaler ( ), newFields
("scaledInstance"));
```

6. 预先训练的分类器

Trident-ML 含有预先训练的 twitter 情绪分类器,它建立于由 Niek Sanders 开发的 Twitter 情绪语料库的一个子集上,拥有多类的 PA 分类器,可以将 Twitter 上的消息分类为积极或者消极。

这个分类器以一个 trident()函数的形式实现,可以很容易地用于 trident topology。

```
TridentTopology toppology = newTridentTopology();
//分类数据流
toppology.newDRPCStream("classify", localDRPC)
//查询分类器
    .each(newFields("args"), newTwitterSentimentClassifier(), newFields("sentiment"));
```

(1) Maven 集成。Trident-ML 发布于 Clojars (一个 Maven 库)。

要在自己的项目中使用 Trident-ML,需要将如下内容添加到用户的 pom.xml 中。

```
... xml
clojars.org
http://clojars.org/repo
com.github.pmerienne
trident- ml
0.0.4
...
```

(2) Trident-ML 不支持分布式学习。Storm 允许 Trident-ML 以分布式来处理一批元组（数据集会在几个节点上计算）。这意味着 Trident-ML 可以对负载进行水平伸缩。为了能够实时添加，Storm 禁止状态更新，而模型学习就是通过状态更新完成的。这就是为什么学习过程不是分布式的。缺乏这样的并行性不是一个真正的瓶颈，因为增量式算法很快，也很简单。

Trident-ML 不会实现分布式算法，这是由它的设计决定的。因此无法实现分布式学习，但是依然可以划分用户的数据进行预处理或者以一种分布式的方式充实用户的数据。

本章小结

在本章中，主要对 Storm 中更高级的抽象 Trident 进行了介绍。首先，通过一个简单的示例介绍对 Trident 的功能、Reach 字段和元组进行简单介绍。其次，对 Trident 的应用接口的使用进行举例介绍。再次，对 Trident spout 事务和状态进行介绍。最后，介绍了 Trident-ML，一个基于 Storm 的实时在线机器学习库。

第 13 章将对 Storm 的一大开发组件 DRPC 进行介绍。

习 题

(1) Trident 对 Storm 提供了什么能力？
(2) 为什么 Trident 在如何最大限度地保证执行 topology 性能方面是非常智能的？
(3) Storm 如何保证每个消息都被处理一次？
(4) 怎么在 Storm 上面做统计个数之类的事情？
(5) 如何实现 Transactional Topologies？
(6) 与每次只处理一个 tuple 的简单方案相比，一个更好的方案是什么？

第13章

DRPC 模式

13.1 DRPC 概述

Storm 里面引入 DRPC 主要是利用 Storm 的实时计算能力并行化 CPU 密集型(CPU intensive)的计算任务。DRPC 的 Storm topology 以函数的参数流作为输入,而把这些函数调用的返回值作为 topology 的输出流。

DRPC 其实不能算是 Storm 本身的一个特性,它是通过组合 Storm 的原语 stream、spout、bolt 和 topology 而成为一种模式(pattern)。

Distributed RPC 是由一个"DPRC 服务器"协调(Storm 自带了一个实现)。DRPC 服务器协调:①接收一个 RPC 请求,②发送请求到 Storm topology,③从 Storm topology 接收结果,④把结果发回给等待的客户端。从客户端的角度来看,调用一个 DRPC 和一个普通的 RPC 调用没有任何区别。例如,下面是客户端如何调用 DRPC 计算 reach 功能(function)的结果,如图 13-1 所示。

```
DRPCClient
 client = new
DRPCClient("drpc- host",
3772);
String
 result = client.execute("reach",
"http://twitter.com");
```

DRPC 的工作流程如图 13-1 所示。

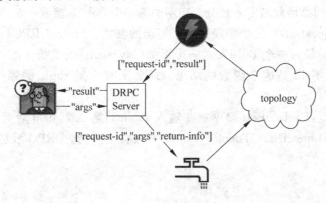

图 13-1　DRPC 工作流程

客户端给 DRPC 服务器发送要执行的函数（function）的名字，以及这个函数的参数。实现了这个函数的 topology 使用 DRPCSpout 从 DRPC 服务器接收函数调用流，每个函数调用被 DRPC 服务器标记了一个唯一的 id。这个 topology 然后计算结果，在 topology 的最后，一个叫作 ReturnResults 的 Bolt 会连接到 DRPC 服务器，并且把这个调用的结果发送给 DRPC 服务器（通过唯一的 id 标识）。DRPC 服务器用唯一 id 与等待的客户端匹配，唤醒这个客户端并且把结果发送给它。

13.2 DRPC 自动化组件

Storm 自带了一个称作 LinearDRPCTopologyBuilder 的 topology builder，它把实现 DRPC 的几乎所有步骤都自动化。

（1）设置 Spout。

（2）把结果返回给 DRPC 服务器。

（3）给 Bolt 提供有限聚合元组 tuples 的能力。

下面是一个在输入参数后面添加一个"！"的 DRPC topology 实现的例子。

```
public static class exclaimBolt extends BaseBasicBolt {
    public void execute(Tuple tuple, BasicOutputCollector collector) {
        String input = tuple.getString(1);
        collector.emit(new Values(tuple.getValue(0), input + "!"));
    }
    public void declareOutputFields(OutputFieldsDeclarer declarer) {
        declarer.declare(new Fields("id","result"));
    }
}
public static void main(String[] args) throws Exception {
    LinearDRPCTopologyBuilder builder = new LinearDRPCTopologyBuilder("exclamation");
    builder.addBolt(new ExclaimBolt(),3);
    //...
}
```

可以看出，我们需要做的事情非常少。创建 LinearDRPCTopologyBuilder 时，需要告诉它要实现的 DRPC 函数（DRPC function）的名字。一个 DRPC 服务器可以协调很多函数，函数与函数之间靠函数名字来区分。声明的第一个 Bolt 会接收一个两维 tuple，tuple 的第一个字段是 request-id，第二个字段是这个请求的参数。LinearDRPCTopologyBuilder 同时要求 topology 的最后一个 Bolt 发送一个形如[id,result]的二维 tuple：第一个 field 是 request-id，第二个 field 是这个函数的结果。最后所有中间 tuple 的第一个 field 必须是 request-id。

在这个例子里，ExclaimBolt 简单地在输入 tuple 的第二个 field 后面再添加一个"！"，其余的事情都由 LinearDRPCTopologyBuilder 完成：连接到 DRPC 服务器，并且把结果发回。

13.3 本地模式 DRPC

DRPC 可以本地模式运行,下面就是以本地模式运行上面例子的代码。

```
LocalDRPC drpc = new LocalDRPC();
LocalCluster cluster = new LocalCluster();
cluster.submitTopology("drpc-demo", conf, builder.createLocalTopology(drpc));
System.out.println("Results for 'hello':" + drpc.execute("exclamation", "hello"));
cluster.shutdown();
drpc.shutdown();
```

首先要创建一个 LocalDRPC 对象,这个对象在进程内模拟一个 DRPC 服务器(类似于 LocalCluster 在进程内模拟一个 Storm 集群),然后创建 LocalCluster 对象,在本地模式运行 topology。LinearTopologyBuilder 有单独的方法来创建本地的 topology 和远程的 topology。在本地模式下,LocalDRPC 对象不和任何端口绑定,所以 topology 对象需要知道和谁交互,这就是为什么 createLocalTopology 方法接受一个 LocalDRPC 对象作为输入的原因。

把 topology 启动之后,就可以通过调用 LocalDRPC 对象的 execute 来调用 RPC 方法了。

13.4 远程模式 DRPC

在一个真实集群上面 DRPC 也是非常简单的,有三个步骤。
(1) 启动 DRPC 服务器。
(2) 配置 DRPC 服务器的地址。
(3) 提交 DRPC topology 到 Storm 集群里面。

可以通过 bin/storm drpc 命令先启动 DRPC 服务器。接着,需要让 Storm 集群知道 DRPC 服务器的地址。DRPCSpout 需要这个地址,从而可以从 DRPC 服务器接收函数调用。这个可以配置在 storm.yaml 或者通过代码的方式配置在 topology 里。通过 storm.yaml 配置如下。

```
drpc.servers:
  - "drpc1.foo.com"
  - "drpc2.foo.com"
```

最后,通过 StormSubmitter 对象来提交 DRPC topology(这个跟用户提交其他 topology 没有区别)。如果要以远程的方式运行上面的例子,用下面的代码。

```
StormSubmitter.submitTopology("exclamation-drpc",
  conf, builder.createRemoteTopology());
```

用 createRemoteTopology 方法来创建运行在真实集群上的 DRPC topology。

13.5 一个更复杂的例子

以上的 DRPC 例子只是为了介绍 DRPC 概念的一个简单例子。下面看一个复杂的确实需要 Storm 的并行计算能力的例子，这个例子计算 Twitter 上面一个 URL 的 reach 值。一个 URL 的 reach 值是该 URL 对应的推文能到达(reach)的用户数量，要计算一个 URL 的 reach 值，需要做几个事情。

(1) 获取所有推文中包含这个 URL 的人(转发过该 URL 的人)。
(2) 获取这些人的粉丝。
(3) 把这些粉丝去重。
(4) 获取这些去重之后的粉丝个数(即 reach 值)。

一个简单的 reach 计算可能会涉及成千上万个数据库的调用，并且可能涉及千万数量级的粉丝用户。这个确实可以说是 CPU intensive 的计算，但在 Storm 上面来实现这个是非常简单的。在单台机器上，一个 reach 计算可能需要花费几分钟，而在一个 Storm 集群里，即使是最难的 URL，也只需要几秒。

reach topology 的例子可以在 storm-starter 上找到，reach topology 的定义如下：

```
LinearDRPCTopologyBuilder builder = new LinearDRPCTopologyBuilder("reach");
builder.addBolt(new GetTweeters(), 3);
builder.addBolt(new GetFollowers(), 12)
        .shuffleGrouping();
builder.addBolt(new PartialUniquer(), 6)
        .fieldsGrouping(new Fields("id", "follower"));
builder.addBolt(new CountAggregator(), 2)
        .fieldsGrouping(new Fields("id"));
```

这个 topology 分四步执行。

(1) GetTwitters 获取转发该推文的所有用户，它接收输入流[id, url]，它输出[id, twitter]。每个 URL tuple 会对应很多 twitter tuple。

(2) GetFollowers 获取这些转发者(twitter)的粉丝，它接收输入流[id, twitter]，输出[id, follower]。当然，当某人关注的多个人都转发了同一条推文时，follower tuple 会存在重复，这就需要下一步的去重。

(3) PartialUniquer 通过粉丝的 id 来分类粉丝，使相同的粉丝会被引导到同一个 task。因此，不同的 task 接收到的粉丝是不同的，从而起到去重的作用。它的输出流[id, count]，即输出这个 task 上统计的粉丝个数。

(4) 最后，CountAggregator 接收到所有的局部数量，把它们加起来就算出了 reach 值。

接下来看一下 PartialUniquer 的实现。

```
public class PartialUniquer extends BaseBatchBolt {
    BatchOutputCollector _collector;
    Object _id;
    Set<String> _followers = new HashSet<String>();
    @Override
```

```java
    public void prepare (Map conf, TopologyContext context, BatchOutputCollector
collector, Object id) {
        _collector = collector;
        _id = id;
    }
    @Override
    public void execute(Tuple tuple) {
        _followers.add(tuple.getString(1));
    }
    @Override
    public void finishBatch() {
        _collector.emit(new Values(_id, _followers.size()));
    }
    @Override
    public void declareOutputFields(OutputFieldsDeclarer declarer) {
        declarer.declare(new Fields("id", "partial- count"));
    }
}
```

当 PartialUniquer 在 Execute 方法里面接收到一个粉丝 tuple 时，它把这个 tuple 添加到当前 request-id 对应的 Set 里（利用 Set 元素不重复的特点进行去重）。

PartialUniquer 继承了 BaseBatchBolt 类。对于每个 request-id，创建一个相应 batch bolt 的实例，并且 Storm 会在合适时清理这些实例。batch bolt 提供了 finishBatch 方法，该方法将在 batch 中的所有 tuple 被处理完之后调用。PartialUniquer 仅发送一个 tuple，包含当前 request-id 在 task 上的粉丝数量。

本章小结

在本章中，通过介绍 DRPC 的自动化组件 LinearDRPCTopologyBuilder、本地模式以及远程模式的 DRPC 对 Storm 中的 DRPC 进行了介绍。

第 14 章将通过两个具体的工程实例对 Storm 进行进一步的介绍。

习 题

（1）什么是 DRPC，DRPC 的作用是什么？DRPC 分为几部分，服务端由几部分组成？
（2）DRPC 的工作流是怎样的？
（3）函数与函数之间靠什么来区分？
（4）LinearDRPCTopologyBuilder 的工作原理是什么？

第14章 Storm 实战

14.1 网站页面浏览量计算

14.1.1 背景介绍

对网站的运营者来说,网站页面浏览量的统计是必不可少的内容。无论是对网页质量的改进,还是对公司的战略部署都有着一定的参考价值。若要使用 Storm 对网站的页面浏览量进行统计,需要从两个方面进行考虑:①性能问题;②线程安全问题。日志是发生在网站服务器上的所有事件的记录,包括用户访问时间和用户访问 URL 等。对一些大型网站来说,用户的访问量是巨大的,因此要对访问日志进行分析,就必须用到大数据技术。

14.1.2 体系结构

程序的拓扑关系如图 14-1 所示。

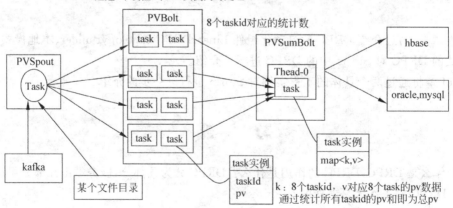

图 14-1 程序框架

14.1.3 项目相关介绍

该项目主要通过 Storm 拓扑来完成对京东网站的页面浏览量的计算,该项目用到了 Storm 和 HBase 相关技术,其中 hbase-site.xml 的内容如图 14-2 所示。

Node	Content
?-? xml	version="1.0"
?-? xml-stylesheet	type="text/xsl" href="configuration.xsl"
!--	/** * Licensed to the Apache Software Foundation (ASF) under one * or more contribut...
▲ e configuration	
▲ e property	
e name	hbase.rootdir
e value	hdfs://jrdw/hbase
▲ e property	
e name	hbase.zookeeper.quorum
e value	BJHC-FILE-JDQ-9656.hadoop.jd.local
▲ e property	
e name	zookeeper.znode.parent
e value	/hbase
▲ e property	
e name	hbase.cluster.distributed
e value	true
▲ e property	
e name	hbase.master.info.port
e value	16010

图 14-2　hbase-site.xml 层级

14.1.4　Storm 编码实现

1. 编写 topology

```java
package com.storm;
import backtype.storm.Config;
import backtype.storm.LocalCluster;
import backtype.storm.StormSubmitter;
import backtype.storm.generated.AlreadyAliveException;
import backtype.storm.generated.InvalidTopologyException;
import backtype.storm.topology.TopologyBuilder;
import backtype.storm.utils.Utils;
import storm.kafka.KafkaSpout;
import storm.kafka.SpoutConfig;
import storm.kafka.ZkHosts;
import java.util.HashMap;
import java.util.Map;
import java.util.UUID;
public class PVTopology {
    public final static String SPOUT_ID = KafkaSpout.class.getSimpleName();
    public final static String PVBOLT_ID = PVBolt.class.getSimpleName();
    public final static String PVTOPOLOGY_ID = PVTopology.class.getSimpleName();
    public final static String PVSUMBOLT_ID = PVSumBolt.class.getSimpleName();
    public static void main(String[] args) throws AlreadyAliveException,
InvalidTopologyException {
        TopologyBuilder builder = new TopologyBuilder();
        String brokerZkStr = "172.19.176.49:2181,172.19.176.50:2181,172.19.176.51:2181,172.19.176.52:2181,172.19.176.53:2181/kafka";
        String zkRoot = "/kafka";
        ZkHosts zkHosts = new ZkHosts(brokerZkStr);
        String topic = "flow_normalized_json";
```

```java
            String id = UUID.randomUUID().toString();
            SpoutConfig spoutconf  = new SpoutConfig(zkHosts, topic, zkRoot, id);
            builder.setSpout(SPOUT_ID, new KafkaSpout(spoutconf), 1);
            builder.setBolt( PVBOLT_ID, new PVBolt(), 4).shuffleGrouping(SPOUT_ID);
            builder.setBolt( PVSUMBOLT_ID, new PVSumBolt(), 1).shuffleGrouping(PVBOLT_ID);
            Map<String,Object> conf = new HashMap<String,Object>();
            conf.put(Config. TOPOLOGY_RECEIVER_BUFFER_SIZE , 8);
            conf.put(Config.TOPOLOGY_TRANSFER_BUFFER_SIZE, 32);
            conf.put(Config.TOPOLOGY_EXECUTOR_RECEIVE_BUFFER_SIZE, 16384);
            conf.put(Config.TOPOLOGY_EXECUTOR_SEND_BUFFER_SIZE, 16384);
            if(args!= null && args.length> 0){
                StormSubmitter.submitTopology(PVTOPOLOGY_ID,conf,builder.createTopology());
            }else {
                LocalCluster cluster= new LocalCluster();
                cluster.submitTopology(PVTOPOLOGY_ID,conf,builder.createTopology());
                Utils.sleep(10000);
                cluster.killTopology(PVTOPOLOGY_ID);
                cluster.shutdown();
            }
        }
    }
}
```

2. 编写 bolt

```java
package com.storm;
import backtype.storm.Config;
import backtype.storm.LocalCluster;
import backtype.storm.StormSubmitter;
import backtype.storm.generated.AlreadyAliveException;
import backtype.storm.generated.InvalidTopologyException;
import backtype.storm.topology.TopologyBuilder;
import backtype.storm.utils.Utils;
import storm.kafka.KafkaSpout;
import storm.kafka.SpoutConfig;
import storm.kafka.ZkHosts;
import java.util.HashMap;
import java.util.Map;
import java.util.UUID;
public class PVTopology {
    public final static String SPOUT_ID = KafkaSpout.class.getSimpleName();
    public final static String PVBOLT_ID = PVBolt.class.getSimpleName();
    public final static String PVTOPOLOGY_ID = PVTopology.class.getSimpleName();
    public final static String PVSUMBOLT_ID = PVSumBolt.class.getSimpleName();
    public static void main(String[] args) throws AlreadyAliveException,
InvalidTopologyException {
        TopologyBuilder builder = new TopologyBuilder();
        String brokerZkStr = "172.19.176.49:2181,172.19.176.50:2181,172.19.176.51:
2181,172.19.176.52:2181,172.19.176.53:2181/kafka";
        String zkRoot = "/kafka";
        ZkHosts zkHosts = new ZkHosts(brokerZkStr);
        String topic = "flow_normalized_json";
        String id = UUID.randomUUID().toString();
```

```java
        SpoutConfig spoutconf = new SpoutConfig(zkHosts, topic, zkRoot, id);
        builder.setSpout(SPOUT_ID, new KafkaSpout(spoutconf), 1);
        builder.setBolt( PVBOLT_ID, new PVBolt(), 4).shuffleGrouping(SPOUT_ID);
        builder.setBolt( PVSUMBOLT_ID, new PVSumBolt(), 1).shuffleGrouping(PVBOLT_ID);
        Map<String,Object> conf = new HashMap<String,Object>();
        conf.put(Config.TOPOLOGY_RECEIVER_BUFFER_SIZE , 8);
        conf.put(Config.TOPOLOGY_TRANSFER_BUFFER_SIZE, 32);
        conf.put(Config.TOPOLOGY_EXECUTOR_RECEIVE_BUFFER_SIZE, 16384);
        conf.put(Config.TOPOLOGY_EXECUTOR_SEND_BUFFER_SIZE, 16384);
        if(args!= null && args.length> 0){
            StormSubmitter.submitTopology(PVTOPOLOGY_ID,conf,builder.createTopology());
        }else {
            LocalCluster cluster= new LocalCluster();
            cluster.submitTopology(PVTOPOLOGY_ID,conf,builder.createTopology());
            Utils.sleep(10000);
            cluster.killTopology(PVTOPOLOGY_ID);
            cluster.shutdown();
        }
    }
}
```

3. 构建 Spout

```java
package com.storm;
import backtype.storm.task.OutputCollector;
import backtype.storm.task.TopologyContext;
import backtype.storm.topology.OutputFieldsDeclarer;
import backtype.storm.topology.base.BaseRichBolt;
import backtype.storm.tuple.Tuple;
import com.storm.util.HBaseDAO;
import org.apache.commons.lang.StringUtils;
import org.slf4j.Logger;
import org.slf4j.LoggerFactory;
import javax.xml.crypto.Data;
import java.util.Date;
import java.util.HashMap;
import java.util.Map;
public class PVSumBolt extends BaseRichBolt {
    private static final long serialVersionUID = 1L;
    private OutputCollector collector;
    private Map<Integer,Long> map = new HashMap<Integer,Long>();
    private static Logger LOG= LoggerFactory.getLogger(PVBolt.class);
    @Override
    public void prepare(Map map, TopologyContext topologyContext, OutputCollector outputCollector) {
        this.collector = outputCollector;
        this.last = System.currentTimeMillis()/(1000* 60);
    }
    private long pv;
    private long last;
```

```java
@Override
public void execute(Tuple tuple) {
    try {
        String bid= tuple.getStringByField("bid");
        if(StringUtils.isNotBlank(bid)){
            pv++;
        }
        if(System.currentTimeMillis()/(1000* 60)!= last) {
            last = System.currentTimeMillis()/(1000* 60);
            HBaseDAO.put ("storm", Long.toString (last),"info","pv", Long.toString(pv));
            pv= 0;
        }else {
            //do nothing
        }
        this.collector.ack(tuple);
    }catch(Exception e){
        //e.printStackTrace();
        LOG.error(e.getMessage(),e);
        this.collector.fail(tuple);
    }
}
@Override
public void declareOutputFields(OutputFieldsDeclarer outputFieldsDeclarer) {
}
}
```

4. HBase 操作

1) HBaseDAO

```java
package com.storm.util;
import org.apache.hadoop.hbase.client.*;
import org.apache.hadoop.hbase.filter.CompareFilter;
import org.apache.hadoop.hbase.filter.Filter;
import org.apache.hadoop.hbase.filter.RegexStringComparator;
import org.apache.hadoop.hbase.filter.RowFilter;
import org.apache.hadoop.hbase.util.Bytes;
import org.slf4j.Logger;
import org.slf4j.LoggerFactory;
import java.io.IOException;
public class HBaseDAO {
    private static Logger LOG= LoggerFactory.getLogger(HBaseDAO.class);
    private static HBaseUtils hBaseUtils= new HBaseUtils("172.22.96.56",2181,"/hbase");
    public static void put(String tablename, String row, String columnFamily, String column, String data)  {
        HTable table = hBaseUtils.getTable(tablename);
        Put put = new Put(Bytes.toBytes(row));
        put.addColumn(Bytes.toBytes(columnFamily), Bytes.toBytes(column), Bytes.toBytes(data));
        try {
```

```java
            table.put(put);
            table.close();
        } catch (IOException e) {
            LOG.error(e.getMessage(),e);
        }
    }
    public static Result get(String tablename, String row) throws Exception {
        HTable table = hBaseUtils.getTable(tablename);
        Get get = new Get(Bytes.toBytes(row));
        Result result = table.get(get);
        table.close();
        return result;
    }
    public static ResultScanner scan(String tablename) throws Exception {
        HTable table = hBaseUtils.getTable(tablename);
        Scan s = new Scan();
        ResultScanner rs = table.getScanner(s);
        return rs;
    }
    public static ResultScanner containKeys(String tablename,String rowkey) throws
IOException, IllegalAccessException, InstantiationException {
        HTable table = hBaseUtils.getTable(tablename);
        Scan scan= new Scan();
        Filter filter= new RowFilter(CompareFilter.CompareOp.EQUAL,new RegexStringComparator
(rowkey));
        scan.setFilter(filter);
        return table.getScanner(scan);
    }
}
```

2) HBaseUtils

```java
package com.storm.util;
import org.apache.commons.lang.exception.ExceptionUtils;
import org.apache.hadoop.conf.Configuration;
import org.apache.hadoop.hbase.HBaseConfiguration;
import org.apache.hadoop.hbase.TableName;
import org.apache.hadoop.hbase.client.* ;
import org.slf4j.Logger;
import org.slf4j.LoggerFactory;
import java.io.IOException;
public class HBaseUtils {
    private Logger LOG = LoggerFactory.getLogger(HBaseUtils.class);
    private Configuration configuration;
    private Connection connection;
    public HBaseUtils(){
        this.configuration = HBaseConfiguration.create();
    }
    public HBaseUtils(String zkServers, int zkPort, String zkRoot) {
        this.configuration = HBaseConfiguration.create();
```

```java
            this.configuration.set("hbase.zookeeper.quorum", zkServers);
            this.configuration.set("hbase.zookeeper.property.clientPort", zkPort + "");
            this.configuration.set("zookeeper.znode.parent", zkRoot);
        }
        public synchronized Connection getHConnection()
                throws IOException {
            if (connection == null) {
                connection = ConnectionFactory.createConnection(configuration);
//              connection = HConnectionManager.createConnection(configuration);
            }
            return connection;
        }
        public HTable getTable(String tableName) {
            HTable table = null;
            try {
                if (null == connection) {
                    connection = getHConnection();
                }
                table = (HTable) connection.getTable(TableName.valueOf(tableName));
            } catch (IOException e) {
                LOG.error(ExceptionUtils.getFullStackTrace(e));
            }
            if (null == table) {
                throw new RuntimeException(" can not connect HBase: exception accurs when getting table from hconnection " + tableName);
            }
            return table;
        }
    }
```

5. 项目配置文件 pom.xml

```xml
<?xml version="1.0" encoding="UTF-8"? >
<project xmlns="http://maven.apache.org/POM/4.0.0"
        xmlns:xsi="http://www.w3.org/2001/XMLSchema-instance"
        xsi:schemaLocation="http://maven.apache.org/POM/4.0.0
http://maven.apache.org/xsd/maven-4.0.0.xsd">
    <modelVersion> 4.0.0</modelVersion>
    <groupId> jd</groupId>
    <artifactId> bdp</artifactId>
    <version> 1.0-SNAPSHOT</version>
    <!--打全包插件-->
    <build>
        <plugins>
            <plugin>
                <artifactId> maven-assembly-plugin</artifactId>
                <configuration>
                    <appendAssemblyId> false</appendAssemblyId>
                    <descriptorRefs>
                        <descriptorRef> jar-with-dependencies</descriptorRef>
                    </descriptorRefs>
```

```xml
            <archive>
                <manifest>
                    <mainClass> </mainClass>
                </manifest>
            </archive>
        </configuration>
        <executions>
            <execution>
                <id> make-assembly</id>
                <phase> package</phase>
                <goals>
                    <goal> assembly</goal>
                </goals>
            </execution>
        </executions>
    </plugin>
    <plugin>
        <groupId> org.apache.maven.plugins</groupId>
        <artifactId> maven-compiler-plugin</artifactId>
        <configuration>
            <source>1.7</source>
            <target>1.7</target>
        </configuration>
    </plugin>
  </plugins>
</build>
<!--https://mvnrepository.com/artifact/org.apache.storm/storm-core-->
<dependencies>
 <dependency>
    <groupId> jdk.tools</groupId>
    <artifactId> jdk.tools</artifactId>
    <version>1.7</version>
    <scope> system</scope>
    <systemPath>${JAVA_HOME}/lib/tools.jar</systemPath>
</dependency>
    <dependency>
        <groupId> org.apache.storm</groupId>
        <artifactId> storm-core</artifactId>
        <version>0.9.4</version>
        <scope> provided</scope>
    </dependency>
    <!--https://mvnrepository.com/artifact/org.apache.storm/storm-kafka-->
    <dependency>
        <groupId> org.apache.storm</groupId>
        <artifactId> storm-kafka</artifactId>
        <version>0.9.4</version>
    </dependency>
    <!--JSON数据格式-->
    <dependency>
        <groupId> com.alibaba</groupId>
        <artifactId> fastjson</artifactId>
```

```xml
            <version>1.2.7</version>
        </dependency>
        <dependency>
            <groupId> org.apache.kafka</groupId>
            <artifactId> kafka_2.9.2</artifactId>
            <version> 0.8.1.1</version>
            <exclusions>
                <exclusion>
                    <groupId> org.apache.zookeeper</groupId>
                    <artifactId> zookeeper</artifactId>
                </exclusion>
                <exclusion>
                    <groupId> log4j</groupId>
                    <artifactId> log4j</artifactId>
                </exclusion>
            </exclusions>
        </dependency>
        <!--https://mvnrepository.com/artifact/org.apache.hbase/hbase-client-->
        <dependency>
            <groupId> org.apache.hbase</groupId>
            <artifactId> hbase-client</artifactId>
            <version>1.1.2</version>
            <exclusions>
                <exclusion>
                    <groupId> org.apache.zookeeper</groupId>
                    <artifactId> zookeeper</artifactId>
                </exclusion>
                <exclusion>
                    <groupId> log4j</groupId>
                    <artifactId> log4j</artifactId>
                </exclusion>
                <exclusion>
                    <groupId> org.slf4j</groupId>
                    <artifactId> slf4j-log4j12</artifactId>
                </exclusion>
            </exclusions>
        </dependency>
    </dependencies>
</project>
```

14.1.5 运行 topology

采用 Storm jar 的方式将 topology 提交到集群中。

```
storm jar   ./wkj/bdp.jar
    com.storm.PVTopology pv-topology
```

输出结果如图 14-3 所示。

```
ROW        COLUMN+CELL
 pv        column=pv,last=THU DEC 13 10:21,pv=10235
 pv        column=pv,last=THU DEC 13 10:22,pv=9567
 pv        column=pv,last=THU DEC 13 10:23,pv=9786
 pv        column=pv,last=THU DEC 13 10:24,pv=9795
 pv        column=pv,last=THU DEC 13 10:25,pv=9843
 pv        column=pv,last=THU DEC 13 10:26,pv=9855
```

图 14-3　输出结果

14.2　网站用户访问量计算

14.2.1　背景介绍

本节主要是在 14.1 节的基础上所做的改进，让最终结果中每个用户只输出一次用户访问记录，从而得到用户的访问量。

14.2.2　Storm 代码实现

1. 构建 topology

```java
package com.storm;
import backtype.storm.Config;
import backtype.storm.LocalCluster;
import backtype.storm.StormSubmitter;
import backtype.storm.generated.AlreadyAliveException;
import backtype.storm.generated.InvalidTopologyException;
import backtype.storm.topology.TopologyBuilder;
import backtype.storm.utils.Utils;
import org.slf4j.Logger;
import org.slf4j.LoggerFactory;
import storm.kafka.KafkaSpout;
import storm.kafka.SpoutConfig;
import storm.kafka.ZkHosts;
import java.util.HashMap;
import java.util.Map;
import java.util.UUID;
/**
 * Created by konglu on 2016/7/29.
 */
public class UVTopology {
    private static String SPOUT_ID = KafkaSpout.class.getSimpleName();
    private static String PVBOLT_ID = PVBolt.class.getSimpleName();
    private static String UVBOLT_ID = UVBolt.class.getSimpleName();
    private static String UVTOPOLOGY_ID = UVTopology.class.getSimpleName();
    private static Logger LOG = LoggerFactory.getLogger(UVTopology.class);
    private static String UVSUMBOLT_ID = UVSumBolt.class.getSimpleName();
    public static void main(String... args){
        TopologyBuilder builder = new TopologyBuilder();
        String brokerZkStr = "172.19.176.49:2181,172.19.176.50:2181,172.19.176.51:
```

```
2181,172.19.176.52:2181,172.19.176.53:2181/kafka";
        String zkRoot = "/kafka";
        ZkHosts zkHosts = new ZkHosts(brokerZkStr);
        String topic = "flow_normalized_json";
        String id = UUID.randomUUID().toString();
        SpoutConfig spoutconf = new SpoutConfig(zkHosts, topic, zkRoot, id);
        builder.setSpout(SPOUT_ID, new KafkaSpout(spoutconf), 1);
        builder.setBolt(PVBOLT_ID,new PVBolt(),16).shuffleGrouping(SPOUT_ID);
        builder.setBolt(UVBOLT_ID,new UVBolt(),1).shuffleGrouping(PVBOLT_ID);
        //builder.setBolt(UVSUMBOLT_ID,new UVSumBolt(),1).shuffleGrouping(UVBOLT_ID);
        Config conf = new Config();
        conf.setMaxSpoutPending(1000);
        conf.setStatsSampleRate(1.0);
        conf.setNumAckers(3);
        if(args!= null && args.length> 0){
            try {
                StormSubmitter.submitTopology(UVTOPOLOGY_ID, conf, builder.createTopology());
            } catch (AlreadyAliveException e) {
                LOG.error(e.getMessage(),e);
            } catch (InvalidTopologyException e) {
                LOG.error(e.getMessage(),e);
            }
        }else {
            LocalCluster cluster= new LocalCluster();
            cluster.submitTopology(UVTOPOLOGY_ID, conf, builder.createTopology());
            Utils.sleep(10000);
            cluster.killTopology(UVTOPOLOGY_ID);
            cluster.shutdown();
        }
    }
}
```

2. 构建 Bolt

```
package com.storm;
import backtype.storm.task.OutputCollector;
import backtype.storm.task.TopologyContext;
import backtype.storm.topology.OutputFieldsDeclarer;
import backtype.storm.topology.base.BaseRichBolt;
import backtype.storm.tuple.Fields;
import backtype.storm.tuple.Tuple;
import backtype.storm.tuple.Values;
import backtype.storm.utils.RotatingMap;
import com.storm.util.HBaseDAO;
import org.apache.commons.lang.StringUtils;
import org.apache.hadoop.hbase.Cell;
import org.apache.hadoop.hbase.client.Result;
import org.apache.hadoop.hbase.util.Bytes;
import org.slf4j.Logger;
import org.slf4j.LoggerFactory;
import java.util.HashMap;
```

```java
import java.util.Map;
public class UVBolt extends BaseRichBolt {
    private static final long serialVersionUID = 1l;
    private OutputCollector collector = null;
    private TopologyContext context = null;
    private static Logger LOG = LoggerFactory.getLogger(UVBolt.class);
    private long last = System.currentTimeMillis()/(1000* 60);
    private long uv = 0;
    private Map<String,Long> map = new HashMap<String, Long>();
    private Map<String,Long> map_tmp = new HashMap<String, Long>();
    private byte[] cf = Bytes.toBytes("info");
    private byte[] col = Bytes.toBytes("time");
    private RotatingMap<String, Long> rmap;
    @Override
    public void prepare(Map stormConf, TopologyContext context, OutputCollector collector) {
        this.collector = collector;
        this.collector = collector;
        this.rmap = new RotatingMap<String, Long> (2);
    }
    @Override
    public void execute(Tuple input) {
        String bid = input.getStringByField("bid");
        long ts = input.getLongByField("ts");
        if(StringUtils.isNotBlank(bid)){
            if (map.containsKey(bid)) {
                long tmp = map.get(bid)/(1000* 60);
                if(tmp == last){
                    //do nothing
                }else {
                    uv++;
                }
                map.put(bid,ts);
            } else if (map_tmp.containsKey(bid)){
                long tmp = map_tmp.get(bid)/(1000* 60);
                if(tmp == last){
                    //do nothing
                }else {
                    uv++;
                }
                map_tmp.put(bid,ts);
            }else {
                map.put(bid,ts);
                try {
                    Result rs = HBaseDAO.get("storm_bid",bid);
                    if(rs == null){
                        uv++;
                    }else {
                        Cell cell = rs.getColumnLatestCell(cf,col);
                        if(cell == null){
                            uv++;
```

```
                    }else {
                        byte[] time_bytes = cell.getValueArray();
                        long time = Bytes.toLong(time_bytes)/(1000* 60);
                        if(time == last){
                            //do nothing
                        }else {
                            uv++;
                        }
                    }
                }
            } catch (Exception e) {
                //e.printStackTrace();
                LOG.error(e.getMessage(),e);
                this.collector.fail(input);
            }
        }
        HBaseDAO.put("storm_bid", bid, "info", "time", Long.toString(ts));
        if (map.size()>100000) {
            Map tmp = map_tmp;
            map_tmp = map;
            tmp.clear();
            map = tmp;
        }
        this.collector.emit(new Values(uv));
    }
    this.collector.ack(input);
    if(!(System.currentTimeMillis()/(1000* 60) == last)){
        last = System.currentTimeMillis()/(1000* 60);
         HBaseDAO.put ("storm",Long.toString (last),"info","uv",Long.toString (uv));
        uv = 0;
    }
}
    @Override
    public void declareOutputFields(OutputFieldsDeclarer declarer) {
    }
}
```

3. 构建 Spout

```
package com.storm;
import backtype.storm.topology.BasicOutputCollector;
import backtype.storm.topology.OutputFieldsDeclarer;
import backtype.storm.topology.base.BaseBasicBolt;
import backtype.storm.tuple.Tuple;
import com.storm.util.HBaseDAO;
public class UVSumBolt extends BaseBasicBolt{
    private long last=System.currentTimeMillis()/(1000* 60);
    private long uv=0;
    @Override
    public void execute(Tuple input, BasicOutputCollector collector) {
        uv+=(Long)input.getValueByField("uv");
```

```
        if(!(System.currentTimeMillis()/(1000*60)==last)){
            last=System.currentTimeMillis()/(1000*60);
            HBaseDAO.put("storm", Long.toString(last), "info", "uv", Long.toString(uv));
            uv=0;
        }
    }
    @Override
    public void declareOutputFields(OutputFieldsDeclarer declarer) {
    }
}
```

14.2.3 运行 topology

采用 Storm jar 的方式将 topology 提交到集群中。

```
storm jar   ./wkj/bdp.jar
    com.storm.UVTopology uv-topology
```

输出结果如图 14-4 所示。

```
ROW      COLUMN+CELL
uv       column=uv,last=THU DEC 13 10:21,uv=2347
uv       column=uv,last=THU DEC 13 10:22,uv=2569
uv       column=uv,last=THU DEC 13 10:23,uv=2646
uv       column=uv,last=THU DEC 13 10:24,uv=2574
uv       column=uv,last=THU DEC 13 10:25,uv=2564
uv       column=uv,last=THU DEC 13 10:26,uv=2622
```

图 14-4 输出结果

本章小结

本章通过统计网站的 pv 和 uv 两个 Storm 工程实例，加深对 Storm 的理解。在了解 Storm 工程的"庐山真面目"后，可以尝试更多的 Storm 项目构建。

习 题

(1) 按照本章介绍，尝试在本机上实现网站 pv 的项目构建。
(2) 按照本章介绍，尝试在本机上实现网站 uv 的项目构建。

参考文献

[1] 吉奥兹. Storm 分布式实时计算模式[M]. 北京：机械工业出版社, 2015.
[2] 安德森. Storm 实时数据处理[M]. 北京：机械工业出版社, 2015.
[3] 马延辉, 陈书美. Storm 企业级应用：实战、运维和调优[M]. 北京：机械工业出版社, 2015.
[4] 赵必厦, 程丽明. 从零开始学 Storm[M]. 北京：清华大学出版社, 2016.
[5] 乔治. HBase 权威指南[M]. 北京：人民邮电出版社, 2013.
[6] 蒋燚峰. HBase 管理指南[M]. 北京：人民邮电出版社, 2013.
[7] 马延辉, 孟鑫. HBase 企业应用开发实战[M]. 北京：机械工业出版社, 2014.
[8] 荣凯拉, 里德. Zookeeper 分布式过程协同技术详解[M]. 北京：机械工业出版社, 2016.
[9] 徐郡明. Apache Kafka 源码剖析[M]. 北京：电子工业出版社, 2017.